西安交通大学 本科"十四五"规划教材

机器人工程实践

——机构设计、运动控制与前沿技术

主 编 黄宝娟

副主编 刘 辉 邵 敏 张育林 佘鹏飞 秦志宏

 西安交通大学出版社
XI'AN JIAOTONG UNIVERSITY PRESS

内容简介

本书以新工科人才培养中的培养学科交叉综合应用能力为目标,以探索者 Rob - GS01 套件为平台,以机器人的设计与控制典型应用案例作为实践训练内容,包含机械臂设计及运动控制、全向底盘设计及运动控制、仿生机器人设计及运动控制、WiFi 无线定位技术、机器视觉技术、Lidar SLAM 导航技术等,编写内容淡化了理论知识,强化了工程实践,旨在使读者在制作过程中了解机器人的工作原理和具体实现方法,使读者对机器人工程实现的理解更加深入和具体。

本书文字描述简明扼要,图文并茂,易懂易做,所选案例典型、贴近工程实际,为相关专业的教师教学提供更加丰富的资源和支撑,为学生参与相关实践课程提供指导,亦可作为大学生机器人创新实践活动、相关科技竞赛的培训教材。

图书在版编目(C I P)数据

机器人工程实践:机构设计、运动控制与前沿技术/ 黄宝娟主编. —西安:西安交通
大学出版社,2023.9
西安交通大学本科"十四五"规划教材
ISBN 978 - 7 - 5693 - 3380 - 0

Ⅰ.①机…   Ⅱ.①黄…   Ⅲ.①机器人工程-高等学校
-教材   Ⅳ.①TP24

中国国家版本馆 CIP 数据核字(2023)第 149166 号

书　　名	机器人工程实践——机构设计、运动控制与前沿技术
	JIQI REN GONGCHENG SHIJIAN——JIGOU SHEJI、
	YUNDONG KONGZHI YU QIANYAN JISHU
主　　编	黄宝娟
副 主 编	刘　辉　邵　敏　张育林　佘鹏飞　秦志宏
责任编辑	王　欣
责任校对	陈　昕
装帧设计	伍　胜
出版发行	西安交通大学出版社
	(西安市兴庆南路 1 号　邮政编码 710048)
网　　址	http://www.xjtupress.com
电　　话	(029)82668357　82667874(市场营销中心)
	(029)82668315(总编办)
传　　真	(029)82668280
印　　刷	西安明瑞印务有限公司
开　　本	787 mm×1092 mm　1/16　**印张** 11　**字数** 231 千字
版次印次	2023 年 9 月第 1 版　2023 年 9 月第 1 次印刷
书　　号	ISBN 978 - 7 - 5693 - 3380 - 0
定　　价	38.50 元

前　言

人工智能时代,机器人相关的新技术、新产品大量涌现,成为新一轮科技革命和产业变革的重要驱动力,既为发展先进制造业提供了重要突破口,也为改善人们生活提供了有力支撑。

机器人技术综合了信息技术、电子工程、机械工程、控制理论、传感技术及人工智能等前沿科技。本书以机器人的设计与控制典型应用案例作为实践训练内容,培养学生多学科综合应用、理论联系实际、创新设计、动手实践等能力。

本书将基于模块化机器人开发理念,结合产品设计方法与流程将机器人智能技术转化为适合于本科教学的机器人产品原型设计教学实践。书中将提供大量的实验范例,逐步、清晰地介绍智能机器人的技术要领,包含机械臂设计及运动学控制、全向底盘设计及运动控制、仿生机器人设计及运动控制、WiFi无线定位技术、机器视觉技术、Lidar SLAM导航技术等,从技术层面解析如何进行产品原型设计。通过学习,使学生能够系统、轻松地接受机器人工程应用创新实训,快速掌握典型机器人设计和开发的基本技能,在解决实际应用问题中锻炼对知识的综合运用能力,从而达到培养创新人才的教学目的。

本书联合了北京探索者创新技术服务有限公司具有丰富实践经验的技术人员共同编写,相关制作设备和零配件采用探索者创新套件,所选用的应用案例来自企业的机器人教育项目典型案例,具有普适性。依托探索者创新套件,本书将有助于指导学生相关的实践课程,学生可以将自己的创意想法进行创新设计并实现,完成原型产品的验证。

参与本书编著工作的有黄宝娟(第1章、第2章、第5章)、邵敏(第3章、第4章)、张育林(第6章、第7章、第8章),全书由黄宝娟统稿,由佘鹏飞审校。因编者水平有限,书中难免有不足之处,恳请读者批评指正。

编　者

目　录

第1章 BASRA 控制板的使用

1.1 BASRA 控制板简介

ATMEGA328 单片机,具有 14 个数字输入/输出引脚(其中 6 个可作为 PWM 输出),6 个模拟输入引脚,一个 16 MHz 晶体振荡器,一个 USB 接口,一个电源插座,一个 ICSP 编程接口和一个复位按钮。可以在 Arduino、eclipse、Visual Studio 等 IDE 中通过 C/C++语言来编写程序,编译成二进制文件,烧录进微控制器。

BASRA 上的 ATMEGA328328 已经预置了 bootloader 程序,因此可以通过 Arduino 软件和主控板上的 ICSP 编程接口直接下载程序到 ATMEGA328。

BASRA 控制板实物如图 1-1 所示。

图 1-1　BASRA 控制板实物图

1.1.1 各接口说明

BASRA 控制板各接口如图 1-2 所示。

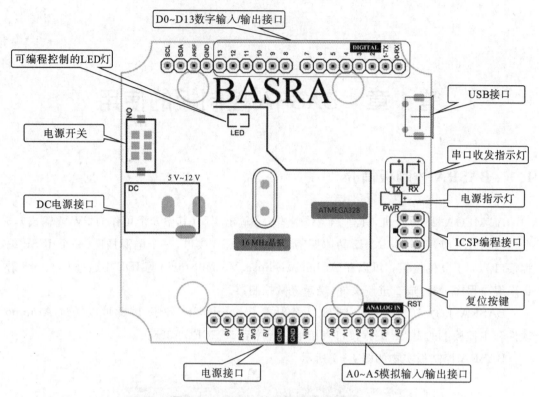

图 1-2　BASRA 控制板接口说明图示

1. 14 路数字输入输出（D0～D13）

工作电压为 5 V,每一路能输出和接入最大电流为 40 mA,每一路配置了 20～50 kΩ 内部上拉电阻(默认不连接)。除此之外,有些引脚有特定的功能。

（1）串口信号 RX(0)、TX(1)：与内部 ATMEGA328(USB-to-TTL)芯片相连,提供 TTL 电压水平的串口接收信号。

（2）外部中断(2、3)：触发中断引脚,可设成上升沿、下降沿或同时触发。

（3）脉冲宽度调制 PWM(3、5、6、9、10、11)：提供 6 路 8 位 PWM 输出。

（4）SPI[10(SS),11(MOSI),12(MISO),13(SCK)]：SPI 通信接口。

（5）LED(13)：Arduino 专门用于测试 LED 的保留接口,输出为高时点亮 LED,输出为低时 LED 熄灭。

2. 6 路模拟输入（A0～A5）

每一路具有 10 位的分辨率（即有 1024 个不同值）,默认输入信号范围为 0 到 5 V,可以通过 AREF 调整输入上限。除此之外,有些引脚有特定功能。

（1）TWI 接口(SDA A4 和 SCL A5)：支持通信接口（兼容 I2C 总线）。控制板中,SDA 接口与 A4 口是连通的,SCL 接口与 A5 口是连通的。

（2）AREF：模拟输入信号的参考电压。

（3）RST 信号为低时复位单片机芯片。

1.1.2　控制板驱动程序的安装

为了使计算机能够识别出 BASRA 控制板，在第一次使用时需要安装驱动程序。驱动程序在 Arduino IDE·的 drivers 文件夹下，在 MAC 和 Linux 系统下，不需要安装驱动程序，只需直接连接上就可使用；在 Windows 系统中，需要安装驱动配置文件，才可正常驱动 BASRA 控制板。

在 Windows 7 系统中，安装步骤如下。

（1）将 BASRA 控制板通过 Mini USB 数据线与计算机连接。在"我的电脑"上点右键，选择"管理"，在"管理"中打开"设备管理器"，在设备列表的"其他设备"中显示未知设备，在未知设备上点右键，选择"更新驱动程序软件"，如图 1-3 所示。

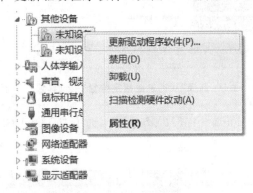

图 1-3　为未知设备选择"更新驱动程序软件"界面

（2）在弹出窗口中，选择"否，暂时不"，如图 1-4 所示。

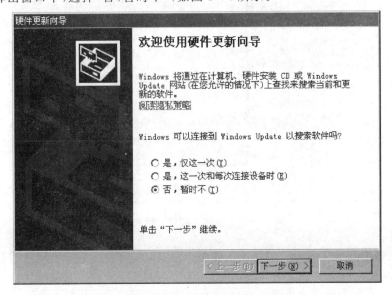

图 1-4　选择"否，暂时不"界面

（3）选择"从列表或指定位置安装（高级）"，如图1－5所示。

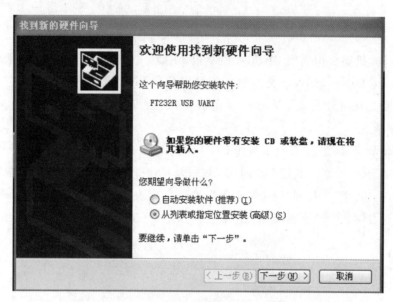

图1－5　选择"从列表或指定位置安装（高级）"界面

（4）安装路径选择"arduino－1.5.2\drivers"，选中"FTDI USB Drivers"文件夹，点击"确定"，如图1－6所示。

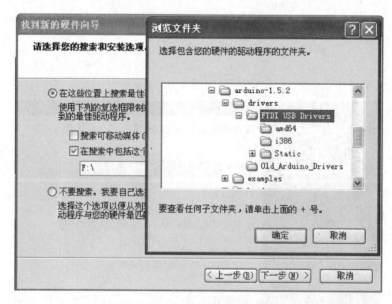

图1－6　选择驱动程序文件夹界面

（5）驱动程序安装完成，点击"完成"，如图1－7所示。

图 1-7　驱动程序安装完成界面

(6) 打开"设备管理器",在"端口(COM 和 LPT)"列表中,出现"USB Serial Port (COMx)"(x 是数字,用来表示端口号)表示驱动安装成功,记录下这个 COM 端口号 x,如图 1-8 所示,图中端口号为 COM3。

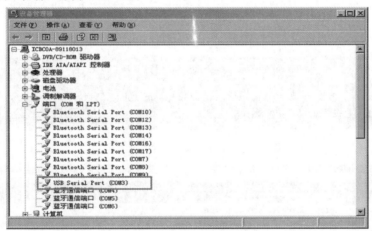

图 1-8　在设备管理器端口列表中就可以看到 COM 端口号

在 Windows 8 或 Windows 10 系统中,若始终安装失败,或显示安装成功却不能正常下载,请按照下面操作步骤安装:

(1)Windows 键＋ R;

(2)输入 shutdown.exe /r /o /f /t 00;

(3)单击"确定";

(4)系统会自动进入"选项"页面;

(5)选择"疑难解答";

(6)选择"高级选项";

(7)选择"Windows 启动设置";

(8)点击"重启"按钮;

(9)系统将重启,并跳转到"高级启动选项"页面;

(10)选择"禁用驱动程序强制签名";

(11)重启系统后,就可以安装驱动程序了,安装方法与在 Windows 7 系统中一致。

1.2 编程环境

编程环境采用的是 Arduino 官方 IDE,这个 IDE 有很多版本,本书以 Arduino 1.5.2 为例说明。运行 Arduino 1.5.2 目录下的 arduino.exe,显示如图 1-9 所示界面,界面上所显示的代码都在 main()函数中,初始化部分 setup()和循环程序部分 loop()的框架也已经存在了。Arduino IDE 工具栏功能如图 1-10 所示。

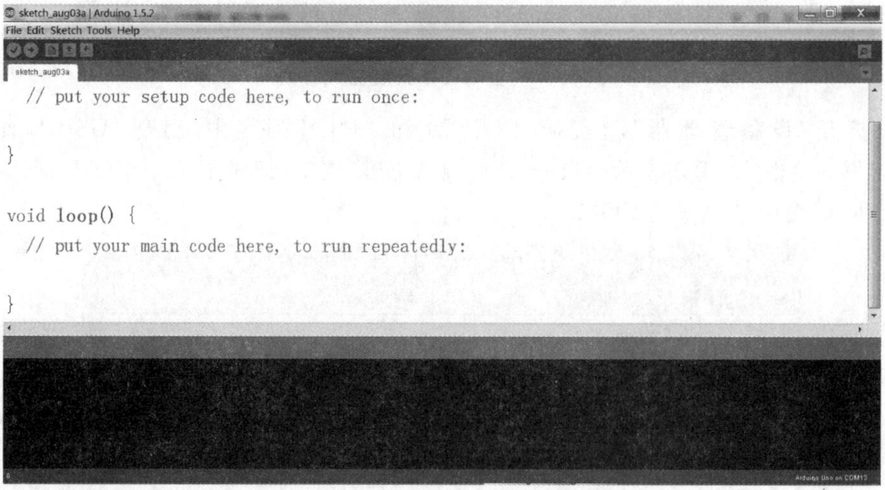

图 1-9 Arduino 1.5.2 的 C 语言界面

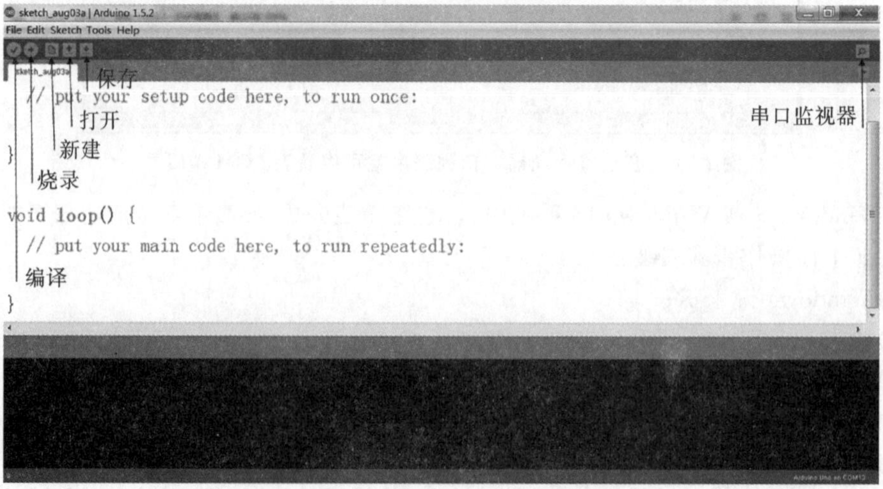

图 1-10 Arduino IDE 工具栏功能

在"Tools"菜单下,依次选择"Board"里的"Arduino Uno"项,如图 1-11 所示,以及"Serial Port"里的 COM13[COM13 为在设备管理器的端口(COM 和 LPT)列表中,出现 USB Serial Port（COMx）的端口号],此时在界面右下角显示 Arduino Uno on COM3,如图1-12 所示。

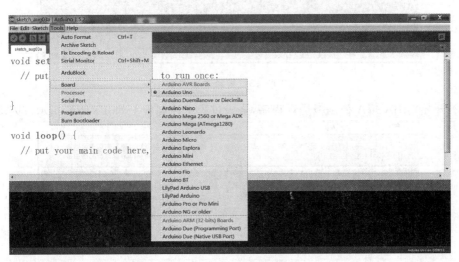

图 1-11　Board 选项图示

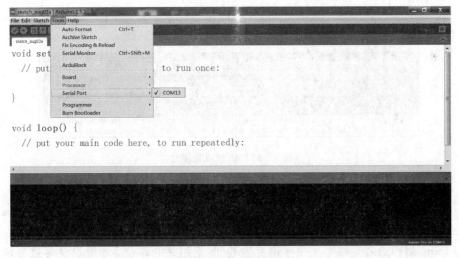

图 1-12　端口号选择图示

Arduino 的 IDE 编译和烧录是一体化的,点击菜单栏左下方的"√"按钮即可编译;点击 "→"按钮,表示编译＋烧录,程序将自动烧录进 BASRA 控制板,若未编写程序,此时一个空白的程序将自动烧录进 BASRA 控制板。具体过程如图 1-13、图 1-14 和图 1-15 所示。

（1）开始编译代码；

图 1-13　编译过程图示

（2）开始向 BASRA 控制板烧录程序，烧录过程中控制板上的 TX/RX 指示灯闪动；

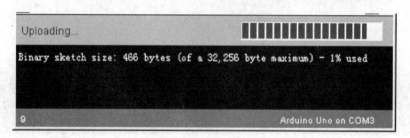

图 1-14　烧录过程图示

（3）烧录成功。

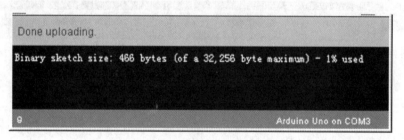

图 1-15　烧录成功图示

1.3　常用函数

Arduino 编程语言是以 C/C++语言为基础，把相关的寄存器参数设置等进行函数化，以便于开发者快速便捷地使用。主要使用的函数有：数字 I/O 引脚操作函数、模拟 I/O 引脚操作函数、高级 I/O 引脚操作函数、时间函数、通信函数和数学函数等。

1.3.1　结构函数

1. setup()

在 Arduino 中程序运行时将首先调用 setup() 函数，用于初始化变量、设置引脚的输出\

输入类型、配置串口、引入类库文件等。每次 Arduino 上电或重启后,setup 函数只运行一次。

2. loop()

在 setup() 函数中初始化和定义了变量,然后执行 loop() 函数。该函数在程序运行过程中不断地循环,根据反馈相应地改变执行情况。通过该函数动态控制 BASRA 主控板。

1.3.2　数字量输入输出函数

1. pinMode(pin, mode)

该函数用于配置引脚及设置输入或输出模式,无返回值。pin 参数表示要配置的引脚,mode 参数表示设置该引脚的模式为 INPUT(输入)或 OUTPUT(输出)。

pin 参数的范围是:若用数字引脚 D0~D13,对应参数 0~13;若把模拟引脚(A0~A5)作为数字引脚使用时,pin 参数值为模拟引脚数值+14,即,模拟引脚 A0 对应参数 14,模拟引脚 A1 对应参数 15,等等。

pinMode 一般会放在 setup() 里,先设置再使用。

2. digitalRead(pin)

该函数在引脚设置为 INPUT 时,获取引脚的电压为 HIGH(高电平)或 LOW(低电平)。pin 是引脚参数。

3. digitalWrite(pin, value)

该函数在引脚设置为 OUTPUT 时,用于设置引脚的输出电压为高电平或低电平。pin 参数是引脚号,value 参数表示输出的电压为 HIGH(高电平)或 LOW(低电平)。

1.3.3　模拟量输入输出函数

1. analogRead(pin)

该函数从指定的模拟引脚读取数据值,返回为 int 型,返回值范围为 0~1023。pin 表示要获取数值的模拟引脚,对应控制板上的模拟引脚 A0~A5,默认输入范围是 0~5 V。

在使用 analogRead() 前,不需要调用 pinMode() 来设置引脚为输入引脚。如果模拟输入引脚没有接入稳定的电压值,analogRead() 返回值将由外界的干扰而决定,一般用来产生随机数。

2. analogWrite(pin, value)

该函数是通过 PWM(脉冲宽度调制)的方式在引脚上输出一个模拟量。BASRA 控制板的数字引脚 3、5、6、9、10、11 可作为 PWM 输出。pin 参数是输出引脚号,value 参数输出范围为 0 (完全关闭)~255(完全打开),占空比为 value/255,对应的电压值为 value/255×5 V。

analogWrite() 执行后,指定的引脚将产生一个稳定的特殊占空比矩形波,直到下次调用 analogWrite()[或在同一引脚调用 digitalRead()或 digitalWrite()]。PWM 信号的频率大约是 490 Hz。

在使用 analogWrite()前,不需要调用 pinMode()来设置引脚为输出引脚。

1.3.4 延时函数

1. delay ( )

该函数的参数是延迟的时长,单位为 ms。在使用 delay 函数期间,读取传感器值、计算、引脚操作均无法执行,但 delay 函数不会使中断失效。通信端口 RX 接收到的数据会被记录,PWM(analogWrite)值和引脚状态会保持,中断也会按设定的执行。

2. delayMicroseconds ( )

该函数的参数是延迟的时长,单位为 μs。该函数能产生更短的延时,在函数使用期间,程序运行将暂停。对于超过几千微秒的延时,应使用 delay()代替。

1.3.5 中断函数

attachinterrupt (interrupt, function, mode)

该函数用于设置中断,interrupt 为中断源,function 为中断函数,mode 为中断触发模式。对于 BASRA 控制板,中断源可选 0 或 1,对应数字引脚 2、数字引脚 3;中断函数是一段子函数,当中断发生时执行该子程序部分,这个函数不能带任何参数,且没有返回类型;中断触发模式有 4 种,LOW(低电平触发)、CHANGE(电平变化时触发)、RISING(上升沿触发)、FALLING(下降沿触发)。

1.3.6 串行通信函数

1. Serial. begin(speed)

该函数用于打开串口,设置串行数据传输速率。参数 speed 的单位为波特(baud),与计算机进行通信时,可以使用:300、1200、2400、4800、9600、14400、19200、28800、38400、57600 或 115200 b/s。

2. Serial. print(val)/Serial. print(val, 格式)

该函数用于打印数据到串口输出,每个数字的打印输出使用的是 ASCII 字符。字符和字符串原样打印输出。Serial. print()打印输出数据时不换行。函数返回值为写入的字节数,但可以选择是否使用它。

参数 val 表示打印输出的内容,可以是任何数据类型。

参数"格式"用于指定数制(整数类型)或小数位数(浮点类型)。

3. Serial. println(val)/ Serial. println(val, 格式)

该函数用于打印数据到串口输出,每个数字的打印输出使用的是 ASCII 字符。字符和字符串原样打印输出。Serial.println()打印输出数据时自动换行处理。函数返回值为写入的字节数,但可以选择是否使用它。

参数 val 表示打印输出的内容,可以是任何数据类型。

参数"格式"用于指定数制(整数类型)或小数位数(浮点类型)。

4. Serial.write()

该函数用于写入二进制数据到串口。发送的数据以一个字节或者一系列的字节为单位。如果写入的数据为字符,需使用 print()命令进行代替。函数返回值为写入的字节数,但是否使用这个数据是可选的。

5. Serial.write(val)/Serial.write(str)/ Serial.write(buf, len)

参数 val 表示以单个字节形式发送的值。

参数 str 表示以一串字节的形式发送的字符串。

参数 buf 表示以一串字节的形式发送的数组。

参数 len 表示数组的长度。

1.4 BASRA 控制板的使用

1.4.1 IO 口的基本使用

为实现机器人的自动化和智能化,传感器成为机器人不可缺少的组成模块,传感器用来实时检测机器人的运动及工作情况,获取内部和外部环境状态中有意义的信息,根据需要反馈给控制系统,与设定信息进行比较后,对执行机构进行调整,以保证机器人的动作符合预定的要求。

"探索者"组件中,PCB 板为红色的传感器均为数字量传感器,包括触碰传感器、近红外传感器、黑标传感器、白标传感器、声控传感器、光强传感器、闪动传感器、触须传感器等。数字量传感器的默认触发条件为低电平触发。PCB 板为蓝色的传感器均为模拟量传感器,有温湿度传感器、超声测距传感器、加速度传感器、颜色传感器等。其中,黑标传感器、白标传感器、声控传感器、光强传感器,既可作为数字量传感器也可作为模拟量传感器。黑标/白标传感器读取数字量时可以识别黑色(1)和白色(0),读取模拟量时称为灰度传感器,可以获得物体的灰度(深浅不一的灰色)参数;光强传感器读取数字量时可以识别暗光(1)和强光(0),读取模拟量时可以获得光线的强度参数;声控传感器读取数字量时可以识别有声(1)和无声(0),读取模拟量时可以获得响度参数。

为方便传感器连接,BASRA 主控板与 BigFish 扩展板堆叠连接,传感器连接到 BigFish 扩展板传感器接口。

传感器对应的引脚号要看传感器端口 VCC 引脚旁边的编号,即:A0,A2,A3,A4,也就是紧挨 VCC 引脚旁的有效端口号。引脚参数值为模拟引脚数值加 14,即:模拟引脚 A0 对应参数 14,模拟引脚 A2 对应参数 16,等等,如图 1-16 所示。

图 1-16 传感器接口有效端口号图示

1. IO 口数字量读取

在对数字量传感器的值进行采集时,先根据实际接线确认传感器的引脚参数值,然后配置引脚为输入模式,再对引脚进行数字量读操作,这样便可获得引脚的采集值(0 或 1)。

例 1.1 用触碰传感器控制 BASRA 控制板 D13 LED 灯的亮灭,按下触碰按钮后,主板的 LED 灯亮。

触碰传感器与扩展板接线如图 1-17 所示,连接对应关系如表 1-1 所示。

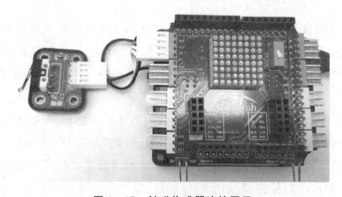

图 1-17 触碰传感器连接图示

表 1-1 触碰传感器连接引脚对应关系

BASRA 板引脚	触碰传感器引脚
GND	GND
5V	VCC
A0	DATA

例程如下:

```
const int buttonPin = 14;      // 传感器引脚参数值
```

```
const int ledPin ＝  13;       // LED 对应的引脚数值
int buttonState ＝ 0;         // 读取传感器状态的变量
void setup()
{
pinMode(ledPin, OUTPUT);    // 设置 LED 引脚为输出引脚
pinMode(buttonPin, INPUT);    // 设置传感器引脚为输入引脚
}
void loop()
{
buttonState ＝ digitalRead(buttonPin);
Serial.println(buttonState);
if (buttonState ＝＝ 0)
{
digitalWrite(ledPin, HIGH);   // LED 灯点亮
}
else
{
digitalWrite(ledPin, LOW);   // LED 灯熄灭
}
}
```

2. IO 口模拟量读取

模拟量传感器检测到的是连续信号,获得的是一串数字。在对模拟量传感器的值进行采集时,先根据实际接线确认传感器的引脚参数值,再对引脚进行模拟量读操作,这样便可获得引脚的采集值(一串数字)。

例 1.2　读取灰度传感器值,通过串口监视器查看获取值。

灰度传感器与控制板接线如图 1-18 所示,连接引脚对应关系如表 1-2 所示。

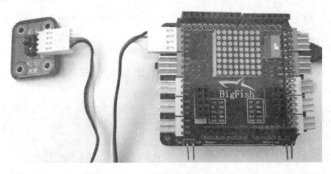

图 1-18　灰度传感器连接图示

表 1-2 灰度传感器连接引脚对应关系

BASRA 板引脚	灰度传感器引脚
GND	GND
5V	VCC
A0	DATA

例程如下：

```
const byte potPin = A0;
int val;        // 接收模拟输入的变量，类型为整数
void setup()
{
Serial.begin(9600);   // 以 9600 b/s 的速率初始化序列
}
void loop()
{
val = analogRead(potPin);
Serial.println(val);
delay(500);
    }
```

在 C 语言界面的 Tools 菜单里面，找到"Serial Monitor"选项，如图 1-19 所示；打开串口监视器，查看返回值，如图 1-20 所示。

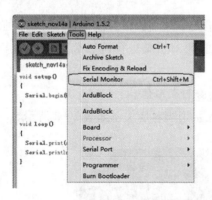

图 1-19 选择"Serial Monitor"选项

图 1-20 在串口监视器中查看返回值

1.4.2 串口的基本使用

1. 硬件串口通信

例 1.3 串口输出 hello5。用 USB 线把控制板和计算机连接，如图 1-21 所示。

图 1 - 21　用 USB 线连接控制板和计算机

例程如下：

```
void setup()
{
Serial.begin(9600);
    }
void loop()
{
//Serial.write(46); // 发送一个值为 46 的字节
 int bytesSent = Serial.write("hello5");
Serial.println(bytesSent);
delay(1000);
    }
```

打开串口监视器，可以看到接收到的值如图 1 - 22 所示。

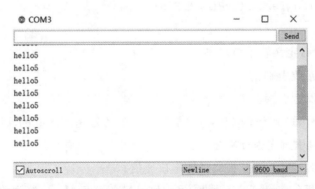

图 1 - 22　输出 hello5

2. 软件模拟串口通信

除硬件串口通信 HardwareSerial 外，Arduino 还提供了 SoftwareSerial 类库，它可以将

其他数字引脚通过程序设置成串口通信引脚。

通常我们将 Arduino UNO 上自带的串口称为硬件串口,而将使用 SoftwareSerial 类库设置成的串口称为软件模拟串口(简称软串口)。在 Arduino UNO 上,提供了 0(RX)、1(TX)一组硬件串口,可与外围串口设备通信。如果要连接更多的串口设备,可以使用软串口。

软串口是由程序模拟实现的,使用方法类似硬件串口,但有一定局限性:在 Arduino UNO 上部分引脚不能被作为软串口接收引脚,且软串口接收引脚速率建议不要超过 57600 b/s。

实现软串口通信的串口连接如图 1-23 所示。

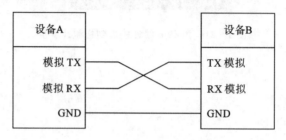

图 1-23　软串口通信示意图

建立软串口通信:

SoftwareSerial 类库是 Arduino IDE 默认提供的一个第三方类库,和硬件串口不同,其声明并没有包含在 Arduino 核心库中,因此要建立软串口通信,首先需要声明包含 SoftwareSerial.h 头文件,然后即可使用该类库中的构造函数,初始化一个软串口实例。

SoftwareSerial()是 SoftwareSerial 类的构造函数,通过它可指定软串口 RX、TX 引脚。

语法如下:

SoftwareSerial mySerial = SoftwareSerial(rxPin, txPin)

SoftwareSerial mySerial(rxPin, txPin)

参数如下。

mySerial:用户自定义软串口对象。

rxPin:软串口接收引脚。

txPin:软串口发送引脚。

如:SoftwareSerial mySerial(10,11)是新建一个名为 mySerial 的软串口,并将 10 号引脚作为 RX 端,11 号引脚作为 TX 端。

例 1.4　两个 BASRA 控制板通过软串口通信。

一块 BASRA 板(master)发送数据,另一块 BASRA 板(slave)接收数据,可以从串口查看接收到的数据。

为便于接线,将 BigFish 扩展板叠加在 BASRA 控制板上,通过扩展槽用杜邦线将两个 BASRA 控制板连接起来,接线如图 1-24 所示,相应引脚对应关系见表 1-3。例程可扫二维码获取。

图 1-24　两块 BASRA 控制板通过软串口通信接线图

表 1-3　接线引脚对应关系

BASRA 板（master）引脚	BASRA 板（slave）引脚
(10)RX	(11)TX
(11)TX	(10)RX
5V	5V
GND	GND

软串口通信
例程

例程如下：

（1）主设备的程序 SoftwareSerial_Master（主机发送数据，从机接收数据）。

```
#include <SoftwareSerial.h>
SoftwareSerial mySerial(10, 11); // RX, TX
void setup()
    {
        Serial.begin(115200);
        while (! Serial)
            {
                ;
            }
        Serial.println("Master!");
        mySerial.begin(9600);
    }
void loop()
    {
        mySerial.println(1);
```

```
        elay(1000);
        mySerial.println(2);
        delay(1000);
    }
```

(2)从设备的程序 SoftwareSerial_Slave(从设备接收主设备的数据,可以从串口查看接收到的数据)。

```
#include <SoftwareSerial.h>
SoftwareSerial mySerial(10, 11);
String receive_data = "";
void setup()
    {
        Serial.begin(115200);
        while (! Serial)
            {
                ;
            }
    Serial.println("slave");
    mySerial.begin(9600);
    }
void loop()
    {
        if (mySerial.available())
          {
                char inchar = mySerial.read();
                receive_data += inchar;
                if(inchar == '\n')
                {
                Serial.println(receive_data);
                receive_data = "";
                }
          }
    }
```

把程序下载到相应设备里,打开与从设备连接的串口监视器,接收到数据如图 1-25 所示。

图 1 - 25　从设备所接收到的数据

1.4.3　中断的使用

1. 外部中断

例 1.5　用两个触碰开关分别控制 BASRA 控制板上 D13 LED 的亮灭,按下触碰开关后,BASRA 板子上的灯亮;按下另一个触碰开关后,BASRA 板子上的灯灭。

接线图如图 1 - 26 所示,相应的引脚对应关系见表 1 - 4。

图 1 - 26　两个触碰开关与 BASRA 控制板接线图

表 1 - 4　两个触碰开关与 BASRA 控制板连接引脚对应关系

BASRA 板引脚	触碰传感器 1 引脚	BASRA 板引脚	触碰传感器 2 引脚
GND	GND	GND	GND
5 V	VCC	3.3 V	VCC
D2	DATA	D3	DATA

例程如下:

```
int pin = 13;
    int state = LOW;
```

```
void setup()
{
  pinMode(pin, OUTPUT);
  attachInterrupt(0, blink, LOW); //中断源 0 对应数字引脚 D2
  attachInterrupt(1, blink_1, LOW); //中断源 1 对应数字引脚 D3
}
    void loop()
    {
      digitalWrite(pin, state);
    }
void blink()//中断函数
{
  state = LOW;
    }
    void blink_1()//中断函数
    {
  state = HIGH;
    }
```

2. 定时中断

定时中断:使主程序在运行的过程中过一段时间就进行一次中断的服务程序,不需要中断源的中断请求触发,而是自动进行。

Arduino 已经写好了定时中断的库函数,可以直接使用。常用的库有 FlexiTimer2. h 和 MsTimer2. h,这两个库的用法大同小异。常用的几个函数如下:

(1)void set(unsigned long ms, void (* f)())。这个函数设置定时中断的时间间隔和调用的中断服务程序。ms 表示的是定时时间的间隔长度,单位是 ms;void(* f)()表示被调用中断服务程序,只写函数名即可。

(2)void start():开启定时中断。

(3)void stop():关闭定时中断。

例 1.6 采用定时中断,每隔 1000 ms 中断一次,控制 LED 灯的亮灭。

例程如下:

```
#include ⟨MsTimer2. h⟩
void flash()
{
static boolean output = HIGH;
digitalWrite(13, output);
```

```
output = ! output;
    }
void setup()
{
pinMode(13, OUTPUT);
MsTimer2::set(1000, flash);
MsTimer2::start();
}
void loop()
{ }
```

1.4.4　串行通信的使用

1. SPI 通信

SPI(串行外设接口,Serial Peripheral Interface),是摩托罗拉公司提出的一种同步串行数据传输标准,主要是主从方式通信,是一种高速的、全双工、同步通信总线。这种模式通常只有一个主机(Master)和一个或者多个从机(Slave),标准的 SPI 是 4 根线,分别是 SSEL(片选,也写作 SS)、SCLK(时钟,也写作 SCK)、MOSI(主机输出从机输入,Master Output/Slave Input)和 MISO(主机输入从机输出,Master Input/Slave Output)。

SPI 使用四条线进行主/从通信。SPI 只能有一个主站,但是可以有多个从站。主设备通常是微控制器,从设备可以是微控制器、传感器、ADC、DAC、LCD 等。

SPI 主机带单个从机的框图如图 1-27 所示。在点对点的通信中,SPI 接口不需要进行寻址操作,且为全双工通信,简单高效。在多个从设备的系统中,每个从设备需要独立的使能信号。

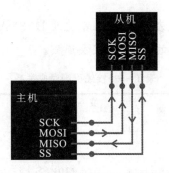

图 1-27　SPI 主机带单个从机的框图

SPI 有 4 条线——MISO、MOSI、SCK 和 SS:

MISO(主进从出)——用于向主设备发送数据的从设备线。

MOSI(主出从入)——用于向外设发送数据的主设备线。

SCK(串行时钟)——同步主机产生的数据传输的时钟脉冲。

SS(从机选择)——主机可以使用此引脚来启用和禁用特定设备。

BASRA 控制板中的 SPI 引脚如表 1-5 所示。

表 1-5　BASRA 控制板中的 SPI 引脚

SPI 线	BASRA 控制板引脚
SS	10
MOSI	11
MISO	12
SCK	13

例 1.7　两块 BASRA 板之间通过 SPI 通信。

按下 BASRA 主设备的触碰开关后,把开关值发送到 BASRA 从设备,并用串口打印查看接收到的数据(通过与从设备连接的串口监视器查看返回值),按图 1-28 进行连线,例程可扫二维码获取。

**两块 BASRA 板间
SPI 通信例程**

图 1-28　两块 BASRA 板及触碰传感器接线实物图

其中,第一块 BASRA 板代表 SPI 主机;第二块 BASRA 板代表 SPI 从机,连接引脚见表1-6。注意:两个 BASRA 板的 GND 一定要连接。

表 1-6　接线引脚对应关系

BASRA 板 SPI 主机	触碰传感器	第一块 BASRA 板 SPI 主机	第二块 BASRA 板 SPI 从机
GND	GND	GND	GND
5V	VCC	(10) SS	(10) SS
D2	DATA	(11) MOSI	(11) MOSI
		(12) MISO	(12) MISO
		(13) SCLK	(13) SCLK

运行程序后,通过从设备的串口监视器查看接收到的值,如图 1 - 29 所示。

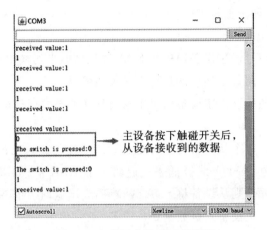

主设备按下触碰开关后,从设备接收到的数据

图 1 - 29　从设备接收到的数据

2. I2C 通信

I2C(集成电路总线,Inter-Integrated Circuit),是由飞利浦公司开发的两线式串行总线,使用多主从架构,可以将多个从机(Slave)连接到单个主机(Master)(一对多通信),也可以有多个主设备控制一个或多个从设备(多对多通信)。由于其简单性,已被广泛用于微控制器与传感器阵列、显示器、IoT 设备、EEPROM 等之间的通信。

I2C 协议仅需要 SDA 和 SCL 两个引脚。SDA 是串行数据线,SCL 是串行时钟线。这两条数据线需要接上拉电阻,设备间的连接如图 1 - 30 所示。I2C 总线内部使用漏极开路驱动器(开漏驱动),因此 SDA 和 SCL 可以被拉低为低电平,但是不能被驱动为高电平,所以每条线上都要使用一个上拉电阻,默认情况下将其保持在高电平。

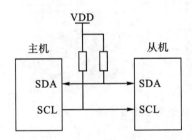

图 1 - 30　I2C 通信设备间的连接

I2C 主要特点如下。

(1)只需要两条总线;

(2)没有严格的速率要求,例如使用 RS232,主设备生成总线时钟;

(3)所有组件之间都存在简单的主/从关系,连接到总线的每个设备均可通过唯一地址进行软件寻址;

(4)I2C 是真正的多主设备总线,可提供仲裁和冲突检测;

（5）最大主设备数：无限制；

（6）最大从设备数：理论上是 127。

工作过程如下。

第 1 步：发送起始信号。主设备通过将 SDA 线从高电平切换到低电平，再将 SCL 线从高电平切换到低电平，来向每个连接的从机发送起始信号。

第 2 步：发送从设备地址。主设备向每个从机发送要与之通信的从机的 7 位或 10 位地址，以及相应的读/写位。

第 3 步：接收应答。每个从设备将主设备发送的地址与其自己的地址进行比较。如果地址匹配，则从设备通过将 SDA 线拉低表示返回一个 ACK 位；如果来自主设备的地址与从设备自身的地址不匹配，则从设备将 SDA 线拉高，表示返回一个 NACK 位。

第 4 步：发送数据。主设备发送数据到从设备。

第 5 步：接收应答。在传输完每个数据帧后，接收设备将另一个 ACK 位返回给发送方，确认已成功接收到该帧。

第 6 步：停止通信。为了停止数据传输，主设备将 SCL 切换为高电平，然后再将 SDA 切换为高电平，从而向从机发送停止信号。

例 1.8 使用 BASRA 控制板、BigFish 扩展板、OLED 屏和计算机制作按键式电子阅读器。如当按下 A，在电子阅读器上显示英文字母；按下 B 时，清屏。

器件间的连接如图 1-31 所示，OLED 屏幕接 A4、A5 端口，计算机通过 USB 线与 BASRA 控制板连接，锂电池给主控板供电。例程可扫描二维码获取。

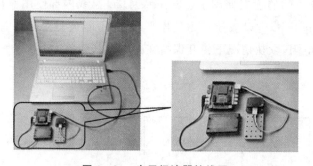

图 1-31 电子阅读器接线图　　　　　　　　电子阅读器例程

1.4.5 PWM 输出的基本使用

PWM（脉宽调制，Pulse-Width Modulation），这是一种对模拟信号电平进行数字编码的方法，由于计算机和 UNO 板只能输出 0 V 或 5 V 的数字电压值，所以就要通过改变方波脉宽占空比的方式，来对模拟信号进行编码。经过脉宽调制的输出电压和通断的时间有关，关系式如下：

$$输出电压＝（接通时间/脉冲总时间）×最大电压值$$

Duty Cycle（占空比 D）：表示为在 PWM 信号周期（T）内保持导通的时间（t）信号的百

分比,$D=t/T$。

　　PWM 输出的一般形式如图 1-32 所示,PWM 波形的特点是波形频率恒定,占空比可变。我们常用 PWM 来驱动 LED 的暗亮程度、电机的转速等。

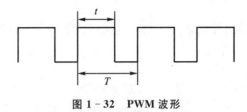

图 1-32　PWM 波形

　　BASRA 控制板上标记有～的引脚(3、5、6、9、10 和 11)支持 PWM。BASRA 控制板基于 Arduino UNO,PWM 的频率大约为 490 Hz,5、6 脚可达 980 Hz。

　　Arduino 中控制 PWM 输出的函数为 analogWrite(pin,value)。其中

　　pin:PWM 输出的引脚。

　　value:用于控制占空比,范围为 0～255。值为 0 表示占空比为 0,输出电压为 0;值为 255 表示占空比为 100%,输出电压为 5 V;值为 127 表示占空比为 50%,输出电压为 2.5 V。value 值也可以这样理解:把总电压分成 255 份,value 值代表输出电压在总电压中所占的份数。由于 PWM 是需要完成一个周期的时间的,因此,这个函数的两次调用之间应该有时延。

　　在调用 analogWrite() 函数之前,不需要调用 pinMode() 将引脚设置为输出,因为 analogWrite 源代码中已经配置了。

　　例 1.9　用 PWM 控制呼吸灯。

```
void setup()//初始化函数
  {
    pinMode(9,OUTPUT);//数字引脚位,指定输出
  }
void loop() //执行函数
  {
    unsigned char i;//亮度增减变量
    for (i=1;i<=255;i++)//增量范围 0～255
      {
        analogWrite(9,i);//PWM 引脚位,指定输出值
        delay(5);//延时
      }
    for (i=255;i>=1;i--)
      {
```

```
analogWrite(9,i); //PWM 引脚位,指定输出值
    delay(5);//延时
  }
}
```

例 1.10 用 PWM 控制舵机来回摆动。电路连线如图 1 - 33 所示,接线对应关系见表 1 - 7。

图 1 - 33 舵机与 BigFish 扩展板舵机接口的连接

表 1 - 7 接线对应关系

BASRA 板/BigFish 扩展板引脚	标准舵机引脚
GND	GND
VCC	VCC
D4	DATA

例程如下:

```
int servoPin = 4;      //定义舵机接口为数字接口 4,也就是舵机的信号线
void setup()
  {
      pinMode(servoPin, OUTPUT);   //设定舵机接口为输出接口
}
void loop()
{
    servo(30);   //舵机转到 30°
    delay(1000);
    servo(60);   //舵机转到 60°
    delay(1000);
  }
void servo(int angle)
```

```
{ //定义一个脉冲函数
  for(int i=0;i<50;i++)      //发送 50 个脉冲
  {
   int pulsewidth = (angle * 11) + 500; //将角度转化为 500～2480 的脉宽值
   digitalWrite(servoPin, HIGH);   //将舵机接口电平置高
   delayMicroseconds(pulsewidth);  //延时脉宽值的微秒数
   digitalWrite(servoPin, LOW);    //将舵机接口电平置低
   delayMicroseconds(20000 - pulsewidth);
  }
delay(100);
  }
```

第 2 章　扩展板的使用

BASRA 控制板是开源的,非常适合制作互动作品,为了方便使用,设计了几种与之对应的专用于简单机器人的扩展板,通过扩展板,能方便地将大部分传感器模块、电机、输出模块、通信模块等和 BASRA 控制板相连。Rob－GS01 探索者智能机器人套件中,有 BigFish 扩展板、SH－ST 扩展板和 SH－SR 扩展板,以下将分别进行介绍。

2.1　BigFish 扩展板

2.1.1　BigFish 扩展板简介

BigFish 含 3 A/ 6 V 稳压芯片(LM1084ADJ),可为舵机提供 6 V 额定电压。板载 8×8 LED 模块采用 MAX7219 驱动芯片;板载 2 片直流电机驱动芯片 L9170,可驱动 2 个直流电机;板载 USB 驱动芯片及自动复位电路,烧录程序时无需手动复位;板载 2 个 2×5 的杜邦座扩展坞(扩展模块接口),方便无线模块、OLED、蓝牙等扩展模块直插连接,无需额外接线。BigFish 扩展板实物如图 2－1 所示。

正面　　　　　　　　　　　　　背面

图 2－1　BigFish 扩展板实物图

BigFish 扩展板两侧红色接口为传感器接口,白色接口为舵机接口。BigFish 扩展板各接线端说明如图 2－2 所示。

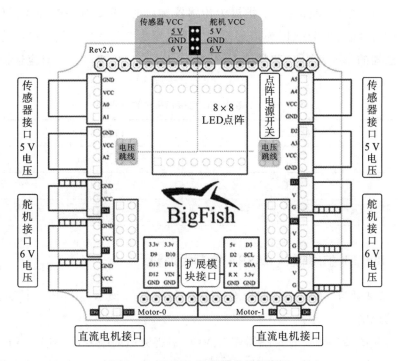

图 2 - 2　BigFish 扩展板接线端说明

注意：D11/D12 舵机接口与 LED 点阵复用，请避免同时使用。

跳线说明：

BigFish 扩展板背面两侧各有一组电源跳线帽，在图 2 - 3 白圈所示位置，每组上面均印有"红""白"字样，红色为 Vin/5 V，通常状态下红色端跳线在 5 V，对应 BigFish 扩展板上所在侧的红色接口（传感器接口，采用 5 V 电压）；白色为 5/6 V，通常状态下白色端跳线在 6 V，对应 BigFish 扩展板上所在侧的白色接口（舵机接口，采用 6 V 电压），使用前请检查背面跳线设置是否与器件所需电压相符。

图 2 - 3　跳线帽位置图示

当需要将白色接口(舵机接口)扩展为传感器接口时,需要对同侧跳线帽位置重新设置,将白色跳线帽跳线在 5 V(因为传感器的工作电压为 5 V);当白色接口接传感器时,用杜邦线将传感器的 GND、VCC 和紧挨 VCC 的信号线与白色接口一一对应连接,对应接线如表 2-1 所示。

表 2-1 传感器与白色接口接线对应关系

传感器引脚	白色接口引脚
GND	GND
VCC	VCC
A( )(紧挨 VCC 的信号线)	D( )

2.1.2 BigFish 扩展板与 BASRA 控制板堆叠

BigFish 扩展板与 BASRA 控制板堆叠连接,如图 2-4 所示。BigFish 扩展板上传感器接口端口号的识别:

传感器对应的端口号要看传感器端口 VCC 引脚旁边的编号,如图 2-5 所示,即 A0、A2、A3、A4。也就是说:紧挨 VCC 引脚旁的端口号有效。Ardublock 图形化编程需要用到端口号时,图形化程序对端口号认定的方法比较特殊,对于 BASRA 控制板,端口号为 A 后面的数字加上 14,如 A3 端口号为 3+14=17。

A0: 14   A4: 18
A2: 16   A3: 17

图 2-4 BigFish 扩展板与 BASRA 控制板堆叠连接   图 2-5 BigFish 扩展板上传感器接口号图示

2.1.3 BigFish 扩展板与各模块的连接

1. 与传感器的连接

传感器与 BigFish 扩展板传感器接口的连接如图 2-6 所示,传感器模块通过四芯输出线与 BigFish 扩展板传感器接口连接。注意黑线接 GND,接线进行了防反插设计,露出金属的那一面朝上,如图 2-6 圈中所示。

2. 与舵机的连接

舵机与 BigFish 扩展板舵机接口的连接如图 2 - 7 所示，舵机通过自带的三芯输出线与 BigFish 扩展板舵机接口连接。注意黑线接 GND，观察板子上的引脚名称，不要插反，如图 2 - 7 圈中所示，露出金属的那一面朝下。

BigFish 扩展板可以接 6 个伺服电机。如果需要同时接多个伺服电机，请尽量控制在 4 个以内，否则电池将无法提供足够电力。如果需要同时接 4 个以上舵机，请把电池充电至饱和状态、电压 8 V 左右，可同时带动 6 个伺服电机约 5 min。若超过 5 min 则可能耗尽电量。

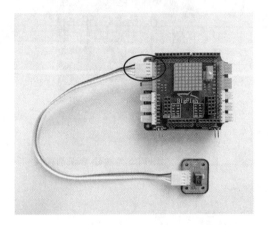 

图 2 - 6　传感器与 BigFish 扩展板传感器接口的连接　　图 2 - 7　舵机与 BigFish 扩展板舵机接口的连接

3. 与直流电机的连接

直流电机与 BigFish 扩展板直流电机接口的连接如图 2 - 8 所示，将直流电机自带的二芯输出线插到 BigFish 扩展板直流电机接口上即可，如图 2 - 8 圈中所示，正反插都可以。直流电机转动方向可由程序调控。

图 2 - 8　直流电机与 BigFish 扩展板的连接　　图 2 - 9　BigFish 堆叠蓝牙串口模块

4．扩展模块接口与其他模块的堆叠

（1）BigFish 堆叠蓝牙串口模块如图 2-9 所示，注意方向，不要插反。

（2）BigFish 堆叠无线串口模块如图 2-10 所示，注意方向，不要插反。

（3）BigFish 堆叠语音识别模块如图 2-11 所示，注意方向，不要插反。

图 2-10　BigFish 堆叠无线串口模块

图 2-11　BigFish 堆叠语音识别模块

2.2　SH-ST 扩展板

　　SH-ST 步进电机扩展板采用 A4988 驱动，该扩展板也可作为雕刻机、3D 打印机等的驱动扩展板，一共有 4 路步进电机驱动模块的接口，可驱动 4 路步进电机，而每一路步进电机都只需要 2 个 IO 口，也就是说，6 个 IO 口就可以很好地管理 3 个步进电机，使用起来非常方便。SH-ST 扩展板实物图如图 2-12 所示。

正面

反面

图 2-12　SH-ST 扩展板实物图

2.2.1　驱动模块与 SH‐ST 扩展板连接

驱动模块上可调电位器可以调节最大输出电流,从而获得更高的步进率,在使用时需保证电位器十字尽量如图 2‐13(a)方框所示位置不偏移,当安插驱动模块到 SH‐ST 扩展板底板[如图 2‐13(b)]上时,注意驱动模块上电位器朝向与 SH‐ST 扩展板上 DC 电源接口应一致,如图 2‐13(c)圈中所示方向。

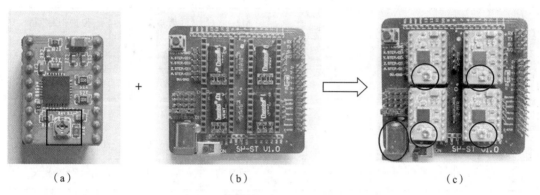

（a）　　　　　　　　　（b）　　　　　　　　　（c）

图 2‐13　驱动模块与 SH‐ST 扩展板连接图示

2.2.2　SH‐ST 扩展板接线端

扩展板有 4 路步进电机驱动模块的接口,分别为 X 轴、Y 轴、Z 轴和 A 轴步进电机接口,每一路有三个细分模式选择端(M0、M1、M2),如图 2‐14 所示。

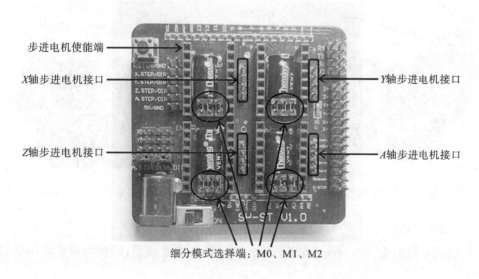

步进电机使能端

X轴步进电机接口

Y轴步进电机接口

Z轴步进电机接口

A轴步进电机接口

细分模式选择端：M0、M1、M2

图 2‐14　SH‐ST 扩展板去掉驱动模块后各端口图示

有五种细分模式,细分模式选择与 M0、M1、M2 之间的对应关系如表 2-2 所示,其中,L 表示去掉跳线帽,H 表示插上跳线帽。当 M0、M1、M2 三个跳线帽都去掉时,表示我们选择的是全步进模式(转一圈要 200 个步进值或者一步进 1.8°);如果要求精度更高,我们可以通过选择其他的模式,例如选择 1/4 步进模式,那么电机转一圈就要 800 个微步才能完成,此时需要把 M0 和 M2 跳线帽去掉,M1 跳线帽插上。

表 2-2　细分模式选择与 M0、M1、M2 的对应关系

细分模式	M0	M1	M2	微步解析	步进(步/圈)
模式 1	L	L	L	全步进	200
模式 2	H	L	L	1/2 步进	400
模式 3	L	H	L	1/4 步进	800
模式 4	H	H	L	1/8 步进	1600
模式 5	H	H	H	1/16 步进	3200

2.2.3　SH-ST 扩展板与 BASRA、BigFish 的堆叠

SH-ST 扩展板与 BASRA 主控板堆叠连接,如图 2-15 所示,与 BASRA、BigFish 堆叠如图 2-16 所示。

图 2-15　SH-ST 扩展板与 BASRA 堆叠图示　　图 2-16　SH-ST 扩展板与 BASRA、BigFish 堆叠图示

　　每一路步进电机需要 2 个 IO 口,步进电机的基本控制需要的引脚与 BASRA 控制板 IO 口对应关系如表 2-3 所示,其他引脚是在驱动雕刻机或 3D 打印机的时候才用到,这里不做详解。

表 2 - 3　步进电机基本控制需要的引脚与 BASRA 控制板 IO 口对应关系

BASRA 控制板 IO 口	SH - ST 扩展板引脚
8	EN(步进电机驱动使能端,低电平有效)
13	A. DIR(A 轴的方向控制)
7	Z. DIR(Z 轴的方向控制)
6	Y. DIR(Y 轴的方向控制)
5	X. DIR(X 轴的方向控制)
12	A. STEP(A 的步进控制)
4	Z. STEP(Z 轴的步进控制)
3	Y. STEP(Y 轴的步进控制)
2	X. STEP(X 轴的步进控制)

2.2.4　SH - ST 扩展板的使用

在使用时,需将散热片贴在 A4988 芯片上,如图 2 - 17 所示,步进电机由步进电机线连接到 SH - ST 扩展板步进电机接口,如图 2 - 18 所示,图中步进电机连接到了扩展板 X 轴步进电机接口。连接时请注意线序,如果上电时发现运动异常,可选择进行反插。

图 2 - 17　散热片粘贴图示　　　　图 2 - 18　步进电机与扩展板连接图示

电池用电源线与扩展板连接,如图 2 - 19 所示,电源开关关闭。注意不用时开关要关闭。开关可以控制通断电,扩展板电源接口与开关位置如图 2 - 20 所示。电池电压为12 V,扩展板和控制板共用一块电源即可。注意:电池要插在 SH - ST 扩展板上,不要插到BASRA 控制板上,否则容易烧坏控制板。

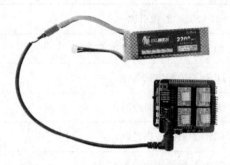

图 2-19　电池与 SH-ST 扩展板连接　　　　图 2-20　扩展板电源接口与开关位置示意图

例 2.1　实现 4 个步进电机的方向控制和转动圈数控制的简单例程如下（可扫二维码下载例程）。

```
#define EN        8        //步进电机使能端,低电平有效
#define X_DIR     5        //X轴步进电机方向控制
#define Y_DIR     6        //Y轴步进电机方向控制
#define Z_DIR     7        //Z轴步进电机方向控制
#define A_DIR     13       //A轴步进电机方向控制
#define X_STP     2        //X轴步进控制
#define Y_STP     3        //Y轴步进控制
#define Z_STP     4        //Z轴步进控制
#define A_STP     12       //A轴步进控制
/*
//函数:step,功能为控制步进电机方向、步数
//参数:dir 为方向控制,dirPin 对应步进电机的 DIR 引脚,stepperPin 对应步进电机
   的 step 引脚,steps 为步进的步数
//无返回值
*/
void step(boolean dir, byte dirPin, byte stepperPin, int steps)
  {
     digitalWrite(dirPin, dir);          //方向引脚控制,true 正转,false 反转
     for (int i = 0; i < steps; i++)
        {
```

/*步进脉冲生成,步进引脚进行 1 次电平高低变换为 1 个脉冲,步进电机前进 1 步,steps 为步进电机前进步数 */

```
        digitalWrite(stepperPin, HIGH);
        delayMicroseconds(800);                    //脉冲间隔
        digitalWrite(stepperPin, LOW);
        delayMicroseconds(800);
        }
    }
void setup()
    {
    //将步进电机占用的 IO 管脚设置成输出
    pinMode(X_DIR, OUTPUT); pinMode(X_STP, OUTPUT);
    pinMode(Y_DIR, OUTPUT); pinMode(Y_STP, OUTPUT);
    pinMode(Z_DIR, OUTPUT); pinMode(Z_STP, OUTPUT);
    pinMode(A_DIR, OUTPUT); pinMode(A_STP, OUTPUT);
    pinMode(EN, OUTPUT);
    digitalWrite(EN, LOW);
    }
void loop()
    {
    step(false, X_DIR, X_STP, 200); //X 轴电机反转 1 圈,200 步为一圈
    step(false, Y_DIR, Y_STP, 200); //Y 轴电机反转 1 圈,200 步为一圈
    step(false, Z_DIR, Z_STP, 200); //Z 轴电机反转 1 圈,200 步为一圈
    step(false, A_DIR, A_STP, 200); //A 轴电机反转 1 圈,200 步为一圈
    delay(1000);
    step(true, X_DIR, X_STP, 200); //X 轴电机正转 1 圈,200 步为一圈
    step(true, Y_DIR, Y_STP, 200); //Y 轴电机正转 1 圈,200 步为一圈
    step(true, Z_DIR, Z_STP, 200); //Z 轴电机正转 1 圈,200 步为一圈
    step(true, A_DIR, A_STP, 200); //A 轴电机正转 1 圈,200 步为一圈
    delay(1000);
    }
```

例 2.1 程序

2.3 SH-SR扩展板

2.3.1 SH-SR扩展板简介

SH-SR扩展板采用TLC5940串行转并行芯片,可以把5个IO转化为16个PWM接口。并且此芯片可以采取级联的形式,进一步扩展IO数量,对于IO资源有限的CPU进行扩展很有帮助。1片TLC5940芯片可扩展16个接口,2片芯片可控制16×2个接口。SH-SR扩展板实物图如图2-21所示。

正面   反面

图2-21 SH-SR扩展板实物图

SH-SR扩展板板载两片直流电机驱动芯片L9170,支持3~15 V的Vin电压,可驱动两个直流电机;采用两片TLC5940芯片,可以同时驱动28路舵机及2路直流电机;采用两种供电方式——DC插头或者接线端子。

SH-SR扩展板各接线端说明如图2-22所示。

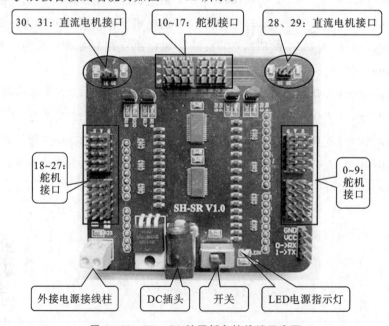

图2-22 SH-SR扩展板各接线端示意图

2.3.2　SH－SR 扩展板与 BASRA 控制板的堆叠

SH－SR 扩展板与 BASRA 控制板的堆叠连接如图 2－23 所示。

图 2－23　SH－SR 扩展板与 BASRA 控制板的堆叠连接

使用 SH－SR 扩展板时时须注意以下几点：

(1)SH－SR 扩展板需要与 BASRA 堆叠使用,并且要分别供电,当有一个断电后,扩展板就会失去作用。

(2)SH－SR 扩展板供电需要 8 V 以下电源,并且电流不得超过 6 A,否则三极管极易烧毁。

(3)SH－SR 扩展板占用了 BASRA 的 3、9、10、11、12 共 5 个接口。

(4)如需要使用传感器,可在 BASRA 上先堆叠 BigFish,再堆叠 SH－SR 扩展板。

2.3.3　SH－SR 扩展板的使用

例 2.2　控制直流电机正反转。

将直流电机接在 SH－SR 扩展板的直流电机 28、29 端口上,SH－SR 扩展板堆叠在 BASRA 控制板上,两块板分别供电,如图 2－24 所示。

图 2－24　直流电机与 SH－SR 扩展板的连接

例程如下：

```
#include "Tlc5940.h"
void setup()
{
   Tlc.init(0);          //引脚初始化
}
void loop()
{
      Tlc.set(28, 4000);   //设置 PWM 输出，范围 0 ～ 4095
      Tlc.set(29, 0);
      Tlc.update();         //设置引脚 PWM 后使用 update()更新设置
      delay(2000);
      Tlc.set(28, 0);
      Tlc.set(29, 4000);
      Tlc.update();
      delay(2000);
}
```

例 2.3 控制舵机转动。

将舵机连接到 SH - SR 扩展板的 0 号舵机接口上，舵机连接线的黑线与 GND 端口相连。SH - SR 扩展板堆叠在 BASRA 控制板上，两块板分别供电，如图 2 - 25 所示。

图 2 - 25 舵机与 SH - SR 扩展板的连接

例程如下：

```
#include "Tlc5940.h" //库头文件，该文档同目录下文件，使用时放置在 arduino 软
                      件目录下 libraries 文件夹内
#include "tlc_servos.h"//库头文件，该文档同目录下文件，使用时放置在 arduino
                      软件目录下 libraries 文件夹内
```

```
void setup()
{
  Tlc.init(0);          //引脚初始化
  tlc_initServos();    //设置 PWM 频率为 50 Hz
}
void loop()
{
    tlc_setServo(0, 45);  //舵机设置(参数一为舵机接口端口号,参数二为舵机转
                          动角度)
    Tlc.update();             //PWM 或者舵机角度设置后使用 update()更新设置
    delay(500);
    tlc_setServo(0, 90);
    Tlc.update();
    delay(500);
}
```

第3章 机械臂设计及运动控制

3.1 机械臂的应用

机械臂是一种固定或移动式的机械装置,其构造通常由一系列相互链接或相对滑动的零件组成,用以抓取或移动物体,能够实现自动控制、可重复程序设计、多自由度(轴),可以是自动的也可以是人为控制的。机械臂通常是可编程的,可能是整个机构的总和,也可能是更复杂机器人的一部分。机械臂的各个环节可视为一个运动链,运动链的末端称为末端执行器。

机械臂的位置机构形式是机械臂重要的外形特征。按其位置机构形式分类,机械臂通常分为直角坐标系机械臂、关节型串联机械臂、关节型并联机械臂等。

机械臂的应用范围非常广泛,例如:

(1)搬运机械臂,这种机械臂用途很广,一般只需点位控制。即被搬运零件无严格的运动轨迹要求,只要求始点和终点位姿准确。如机床上用的上下料器人、工件堆垛机械臂、注塑机配套用的机械等。

(2)喷涂机械臂,这种机械臂多用于喷漆生产线上,重复位姿精度要求不高。但由于漆雾易燃,一般采用液压驱动或交流伺服电机驱动。

(3)焊接机械臂,这是目前使用最多的一类机械臂,它又可分为点焊和弧焊两类。

(4)装配机械臂,这种机械臂要有较高的位姿精度,手腕具有较大的柔性。目前大多用于机电产品的装配作业。

(5)专门用途的机械臂,如医用护理机械臂、航天用机械臂、探海用机械臂及排险作业机械臂等。

3.1.1 直角坐标系机械臂的应用

直角坐标系机械臂是指能够实现自动控制、可重复编程、多自由度、运动自由度成空间直角关系的多用途操作机。其工作的行为方式主要是通过完成沿着 X、Y、Z 轴上的线性运动来进行的,三个坐标轴是两两相交的关系,一般由伺服电机或者步进电机提供动力,采用丝杠传动、齿轮齿条传动、带传动、链传动等来传递力和力矩。直角坐标系机械臂应用非常广泛,在不同行业领域有不同的用途,在不同的应用场合发挥着不同的作用。

在工业生产中,直角坐标系机械臂一般用于搬运货品或者上下料,按照结构主要有龙门式、悬臂式、十字式、倒挂式等形式。码垛机器人一般采用的就是直角坐标系机械臂,它可以对货品进行位置精准地抓取,之后沿一定轴向进行运送。图 3-1 所示为龙门式码垛机械臂,该结构载重能力比较强,它可以按程序反复抓取、搬运物件,能按某些特定工序在不同环境下高速运作,重复精度高,广泛应用于农业、制造、冶金、电子、轻工和原子能产业。

图 3-2 所示为上下料机械臂,图 3-3 所示为点胶机械臂,图 3-4 所示为小型双节双臂三轴伺服注塑机械臂。三者均为悬臂式结构,该结构相比龙门式直角坐标系机械臂,整体轻量化,体积小,易在有限空间摆放多组,虽然载重能力比前者小,但是运动速度提升很多,具有灵活、高效、节能、适用范围广等特点。

图 3-1 码垛机械臂

图 3-2 上下料机械臂

图 3-3 点胶机械臂

图 3-4 注塑机械臂

在各种学生竞赛项目中,也时常用到直角坐标系机器人,如图 3-5 和图 3-6 所示,大学生机械创新大赛中,学生设计的立体车库缩小版模型,就是典型的直角坐标系机械臂,稳定性好,位置精确度高,响应快,可以在短时间内快速运送车辆到指定位置。

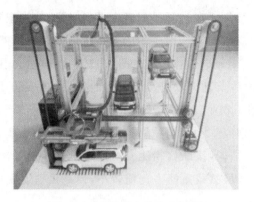

图 3-5　码垛式立体车库模型

图 3-6　立体车库模型

3.1.2　关节型串联机械臂的应用

关节型串联机械臂从结构上看,是由一系列通过关节互相连接的部分组成的机器手,通常由执行机构、传动系统、控制系统及辅助装置组成,可执行多种任务,例如拾取和放置对象,或效仿人手处理类似的手动任务而进行的适应性运动。图 3-7 所示为一种四自由度关节型串联码垛机械臂。

关节型串联机械臂是高精度、多输入多输出、高度非线性、强耦合的复杂系统。因其独特的操作灵活性,在工业装配、安全防爆、3C 产业等领域得到广泛应用。

1. 工业应用

工业关节型串联机械臂是自动化可编程的,并且能够在两个或多个轴上运动。其应用范围很广,包括焊接,喷涂,组装,拾取和放置印刷电路板,包装和贴标签,码垛,产品检查和测试等,所有这些都要求具有很高的耐用性、速度和精度。

2020 年,德国巴伐利亚州的 BoKa 公司开发了一套无接触形式的新冠病毒检测、样本收集系统,如图 3-8 所示。该系统通过一台 FANUC 关节型串联机械臂和指导视频来帮助测试者自行采集样本。首先,测试者对手部进行消毒后扫描个人的身份信息,个人信息将自动生成条状码并粘贴于试管上。随后,机械臂扫描条状码并抓取测试棉签交给测试者,测试者根据引导视频完成样本采集。最后,机器臂负责收回使用过的棉签和试管。

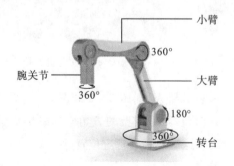

图 3-7　四自由度关节型串联码垛机械臂

图 3-8　新冠病毒检测、样本收集机械臂

　　该机械臂的可达半径达到了 911 mm,采用紧凑型手臂设计,使其可以被安装在狭小的空间内使用。它采用顶吊安装的方式,可回收前后两个工作台上的样本,节省了工作台的空间。

　　为保证样本采集的正确性,一名专业医师会通过摄像头远程监督整个采集过程并给予指导。根据实际测试,一名医师可同时监控多个采集过程。每名测试者平均花费 4 min 即可完成整个采集流程。每套系统每天可以完成约 500 份样本收集,且可做到 24 h 不间断。

　　该机械臂代替医护人员进行操作,不仅大大节省了人力,提高了效率,而且大大降低了医护人员被感染的风险。

　　图 3-9 所示为焊接用关节型串联机械臂,配合性能优越的柔性焊接工装平台、互换性高的柔性组合焊接工装夹具,灵活变换的焊接机械臂可大幅提高焊接产品的精度和质量,缩短加工时间。

　　图 3-10 所示为关节型串联式样喷涂机械臂,在汽车制造业中用于喷涂车漆,其特点为柔性大,灵活性好,可实现内表面及外表面的喷涂;精度高,轨迹精确,可大幅提高喷涂的质量,减少喷涂材料浪费;同时,维护和操作也比较容易。

图 3-9　焊接机械臂　　　　　　　　　　　图 3-10　喷涂机械臂

　　图 3-11 所示为关节型串联锻造机械臂。在锻造生产过程中,工人劳动强度高,且工作环境恶劣,锻造机械臂的出现解放了人工,大大降低了劳动强度。锻造生产线的运行流程长,工序复杂,以锻造机器臂完成各工序的连接,不仅实现了锻造自动化的需求,同时增强了对在线设备状态、运行情况及工艺参数的实时监控。生产信息自动记录、分析、处理,全工序自动化,实现了柔性化生产。

2. 竞赛应用

　　关节型串联机械臂在学生竞赛中也经常被用到。图 3-12 所示为在金砖国家青年创客大赛中,选手设计的关节型串联机械臂正在进行的抓取物品的动作。

图 3-11　锻造机械臂

图 3-12　抓取机械臂

图 3-13 所示,为第二届中国"互联网+"大学生创新创业大赛季军项目——越疆 DOBOT 机械臂,它是一个高精度四轴桌面智能机械臂。它能写出漂亮的毛笔字和英文,能画画、切香肠,端水也不会洒,还可以搬运小小的螺钉,甚至还可以打字和 3D 打印,能够达到的最大定位精度为 0.2 mm。

图 3-14 所示,为第七届中国教育机器人大赛上选手设计的搬运码垛机器人。它也是一种分拣机器人的原型,采用机械臂进行搬运,抓取指定位置的物块,将相同颜色的物块摆放到对应区域。

图 3-13　越疆 DOBOT 机械臂

图 3-14　搬运码垛机器人

3.1.3　关节型并联机械臂的应用

关节型并联机械臂,可以定义为动平台和定平台通过至少两个独立的运动链相连接,机构具有两个或两个以上自由度,且以并联方式驱动的一种闭环机构。图 3-15 所示为并联连杆机械臂,图 3-16 所示为 Delta 并联机械臂。

关节型并联机械臂的特点为无累积误差,精度较高;驱动装置可置于定平台上或接近定平台的位置,这样运动部分重量轻,速度高,动态响应好。

图 3 - 15　并联连杆机械臂

图 3 - 16　Delta 并联机械臂

1. 工业应用

关节型并联机械臂广泛应用于分拣、码跺、装配等工艺环节,还可配合视觉系统,实现智能化应用。

图 3 - 17 为博力实(BLIZX)并联机械臂应用于湿纸巾粘盖生产,它可以自动抓取输送线上的包装盖,送至胶枪头涂胶后,再将包装盖粘贴到湿巾包上。并联机构决定了末端执行器可以实现高速拾放,非常适合于湿纸巾粘盖应用。并联机械臂的拾放应用通常可归纳为定点抓、定点放,定点抓、追踪放,追踪抓、定点放和追踪抓、追踪放四种。市场上目前所有湿纸巾粘盖均使用定点抓、追踪放,严格来讲,应该属于定点抓、定点涂、追踪放。当检测到盖子到达位置,机器人立刻启动抓取,将盖子搬运到胶枪头上,按照指定轨迹涂完胶后,再根据视觉检测结果将盖子追踪放置到正在运动的湿纸巾包上。

图 3 - 17　博力实湿纸巾粘盖机

就运动控制而言,湿纸巾粘盖机的关键有如下三点:①速度;②涂胶的均匀性;③粘盖的精度。速度决定了设备的效率;涂胶的均匀性不仅影响到美观,更影响胶的消耗量;粘盖精度保证了产品外观的一致性。这三点之间并非独立,都取决于机器人的机械本体和运动控制算法。关节型并联机械臂执行的是一个不断加速减速的往复路径,实现高速的首要条件是在满足负载的情况下减轻机器人的重量,这对机器人机械本体设计是一个极大的考验。底层运动控制算法则表现在机器人的动作柔和性和涂胶的均匀性。粘盖精度与安装在湿纸巾包输送线上的视觉单元相关,包括光源、相机和镜头等硬件配置,更多涉及视觉处理算法的先进性。

图 3-18 为北京同仁堂的颗粒剂车间引入的 ABB 并联机械臂自动化分拣包装系统,包括八台机械臂,共两条生产线,进行感冒清热颗粒的分拣包装。

图 3-18　ABB 并联机械臂自动化分拣包装

在装盒机料仓工位传送带运行时,由编码器将数据传输给机器臂。颗粒剂装袋之后,从传送带输送到机器人自动化分拣生产线。视觉系统对传送带上的药袋进行识别、检测,并分配给四台 IRB 360 机械臂。机械臂陆续分拣堆叠药袋,并跟踪工位传送带,将药袋放入格挡槽内。传送带将格挡槽内的药袋传送到自动装盒工位和自动化装箱工位,进行自动装盒、装箱。

这套自动化分拣包装系统具备高柔性,可根据实际需求,调整一次分拣堆叠的药袋数量。机械臂使用大流量真空吸具,"多抓一放",可实现多种产品规格/层数的分拣装盒。该系统还使用了数字化技术,用一套视觉系统引导四台机器人的分拣动作,并采用 PM3 软件合理分配机器人的产能,使四台 ABB 机器人协同工作。一次未识别的产品会自动回流,无需人工干预。

在使用并联机械臂之前,同仁堂颗粒剂车间一条生产线需要约 20 名工人。使用并联机械臂之后,一条生产线只需 7~8 名工人,一分钟可分拣 800 袋药剂,包装产品数量的准确度也大幅提高。同时,并联机械臂的使用还减少了生产线占地面积,降低了生产成本,提高了生产效率。

图 3-19 为博力实装箱并联机械臂,具有如下特点:①采用机械结构传动,性能稳定、耐用;②自动化程度高,能够节省大量的人力;③可以模仿人手抓取动作,抓取稳定、摆放整齐且效率较高;④采用人机交互、PLC 光电传感器,确保了整机控制精度高、抓取灵活;⑤操作简单。

图 3-19　装箱并联机械臂

该装箱并联机械臂占地面积小,运行费用低,采用了直线轴承滑块式软连接结构,提升速度稳定,更换夹具即可装不同品种纸箱。转动采用进口伺服电机驱动,具有自动化程度高、控制可调、调整简单、智能化操作等优点。

2. 竞赛应用

在第七届中国国际"互联网＋"大学生创新创业大赛中,中国民航大学的"蓝天机械手创业计划"项目通过机构创新和控制系统优化,研发了系列多自由度并联机构,将其命名为"蓝天机械手",如图 3-20 所示。它具有构型灵活、高精度、高刚度和自动化程度高等优点,并创新地将其应用于飞机蒙皮、叶片等的维修打磨作业,有效解决了民航发动机曲面打磨抛光存在的技术难点。

在第六届全国大学生机械创新设计大赛中,一等奖获奖作品"多功能平面并联机械手示教仪"如图 3-21 所示,它基于平面五轴连杆机构,增加了不完全齿轮机构和直线运动机构来实现抓取和绘画功能,具有演示复杂轨迹曲线和复现轨迹曲线的功能,还可以执行分拣动作。

图 3-20　蓝天机械手　　　　　图 3-21　多功能平面并联机械手示教仪

3.2　直角坐标系机械臂的设计及运动控制

3.2.1　直角坐标系机械臂机构设计案例

直角坐标系机械臂的各个运动轴通常对应直角坐标系中的 X 轴、Y 轴和 Z 轴,如图 3-22 所示,其中 X 轴和 Y 轴是水平面内运动轴,Z 轴是垂直运动轴。在一些应用中 Z 轴上带有一个旋转轴,或带有一个摆动轴和一个旋转轴。在绝大多数情况下直角坐标系机械臂的各个直线运动轴间的夹角为直角。

直角坐标系机械臂根据自由度可分为单轴、双轴和三轴直角坐

图 3-22　直角坐标系

标系机械臂,分别如图 3-23、图 3-24 和图 3-25 所示,各轴互相垂直且单轴沿着直线方向运动。

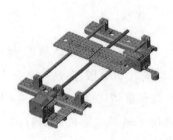  

图 3-23 单轴直角坐标系机械臂　　图 3-24 双轴直角坐标系机械臂　　图 3-25 三轴直角坐标系机械臂

　　直角坐标系机械臂的最基础功能模块为直线运动的单轴模块,在单轴模块中常见的传动方式有两种:一种是丝杠传动,如图 3-26 所示;另一种是同步带(同步齿形带)传动,如图 3-27 所示。这两种传动方式是以直线导轨导向,配合伺服电机或步进电机,可实现不同应用领域的定位、移载、搬运等。

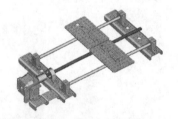 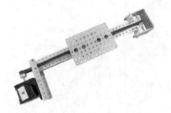

图 3-26 单轴丝杠传动　　　　　图 3-27 单轴同步带传动

1. 丝杠传动机构原理

　　图 3-28 所示是一个将转动转化为平动的机构,丝杠与移动的滑块之间通过螺纹传动;电机的旋转运动通过丝杠传递给滑块,由于滑块被支架限制不能进行旋转运动,所以滑块最终将旋转的运动转换为水平方向的移动。

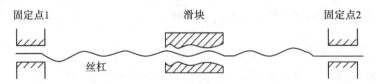

图 3-28 丝杠传动机构原理

　　通过上面的分析可以看出,这是一种螺旋机构,具有以下运动特性:

　　(1)回转运动变换为直线运动,运动准确性高,且有很大的降速比,复式螺旋可以获得较大的位移,差动螺旋可以获得微小的位移;

(2) 结构简单,制造方便;

(3) 工作平稳,无噪声,可以传递很大的轴向力;

(4) 传动效率低,有自锁作用,相对运动表面磨损较快;

(5) 实现往复运动要靠主动件改变转动方向。

丝杠机构的稳定性很好,可以承受较大的力,所以如果要设计一些直线运输重物的机构时可以考虑利用丝杠来实现。

2. 同步带传动机构原理

如图 3-29 所示,同步带传动一般是由主动轮、从动轮和紧套在两轮上的传动带组成。同步带传动是一种啮合传动,依靠带内周的等距横向齿与带轮相应齿槽之间的啮合来传递运动和动力,两者无相对滑动,从而使圆周速度同步(故称为同步带传动)。它兼有带传动和齿轮传动的特点。

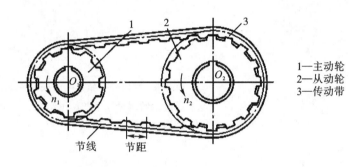

1—主动轮
2—从动轮
3—传动带

节线　节距

图 3-29　同步带传动机构原理

同步带传动具有以下运动特性:

(1)传动过程中无相对滑动,传动比准确,传动效率高;

(2)工作平稳,能吸收振动;

(3)不需要润滑,耐油水、耐高温、耐腐蚀,维护保养方便;

(4)传动平稳,具有缓冲、减振能力,噪声低;

(5)传动效率高,可达 98%,节能效果明显;

(6)维护保养方便,不需润滑,维护费用低;

(7)传动比范围大,一般可达 10,线速度可达 50 m/s,具有较大的功率传递范围,可达几瓦到几百千瓦。

例 3.1　完成基于单轴丝杠的搬运机构的组装。

基于单轴丝杠平台的搬运机构如图 3-30 所示,由一个丝杠平台组成,可实现搬运功能。其主

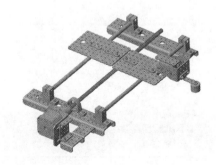

图 3-30　基于单轴丝杠的搬运机构

要器材和组装步骤如下。

主要器材:步进电机×1、步进电机支架×1、7×11孔平板×2、桁架20×2、丝杠套装×1、机械手20×3、伺服电机×1、伺服电机支架、电磁铁×1、联轴器、钣金件若干、螺丝螺母若干等。

单轴丝杠平
台组装步骤

组装步骤:(1)按照表3-1组装步骤完成单轴丝杠平台的组装。

表3-1 单轴丝杠平台的组装

第一步:选择一个步进电机和步进电机支架,将两个零件通过螺丝螺母如下图所示配合。 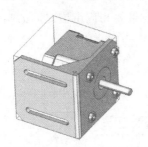	第二步:找到3个3×5折弯,进行如下图所示装配。 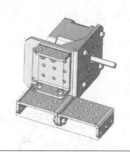
第三步:找到一个5-8联轴器安装到步进电机输出头上,如下图所示装配。 	第四步:找到3个如下图所示的支架和1个桁架20,通过螺丝螺母如下图所示组装。支架安装的时候根据层次需要添加垫片10。 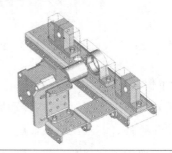
第五步:找到2个光轴和1根丝杠,进行如下图所示安装,注意固定光轴两边支架的螺丝和5-8联轴器上的螺丝。 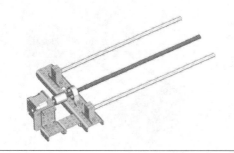	第六步:找2个光轴滑块和1个丝杠滑块如下图所示安装,无需螺丝螺母。 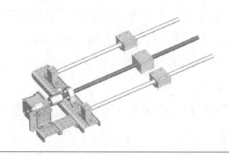

第七步:如图所示安装 2 个支架。

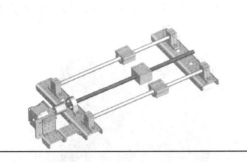

第八步:找 2 个 7×11 孔平板和 3 个机械手 20 进行如图所示安装,注意选择合适的螺丝螺母。完成丝杠单轴的安装。

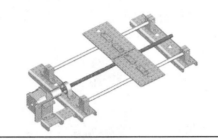

(2)如图 3-31 所示,将一个伺服电机用电动机支架和舵机双折弯固定在 7×11 孔平板上,用一个直流电机支架将电磁铁安装在舵机双折弯上。

例 3.2　完成基于双轴丝杠平台的绘图机构的组装。

基于双轴丝杠平台的绘图机构由一个 X 轴和一个 Y 轴分布的丝杠平台组合而成,如图 3-32 所示,X 轴为位于图中底部的丝杠,Y 轴为顶部的丝杠。

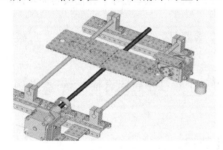

图 3-31　安装伺服电机

图 3-32　基于双轴丝杠平台的绘图机构

其主要器材和组装步骤如下。

主要器材: 步进电机×2,丝杠套装×2,触碰传感器(限位开关)×2,笔架×1(自制),钣金件若干。

组装步骤:

(1)安装一个单轴丝杠平台,单轴丝杠平台的组装,请参考例 3.1;

(2)重复以上步骤,再组装一个单轴丝杠平台。中间用螺柱安装,如图 3-33 所示,组装完成。

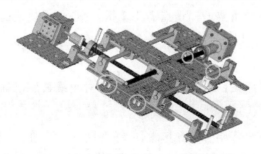

图 3-33　双轴丝杠平台安装

例 3.3 完成基于三轴丝杠平台的绘图机构的组装。

图 3-34 所示绘图机构可实现 X、Y、Z 三个方向的运行,在其前端安装笔架和笔,加控制板、传感器并连接电路后,可成为如图 3-35 所示的三轴丝杠平台绘图机器人,可代替人手进行写字、绘图。

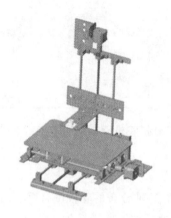
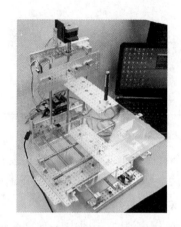

图 3-34 基于三轴丝杠平台的绘图机构　　　　图 3-35 三轴丝杠平台绘图机器人实物图

主要器材:步进电机×3,丝杠套装×3,触碰传感器(限位开关)×3,笔架×1,钣金件若干,连接线若干。

组装步骤:该绘图机构是由 X、Y、Z 轴分布的三个丝杠平台组合而成,可参考例 3.1 和例 3.2 完成例 3.3(图 3-34)的组装。

3.2.2 直角坐标系机械臂的运动控制及例程

由直角坐标系机械臂的运动轨迹可以通过几何学分析,得出执行端和驱动端的运动关系。

以绘制多边形为例,该算法的思路是:先建立一个平面坐标系,将我们所需要画的多边形放置在该坐标系中,这样就可以确定该图形每个顶点的坐标;然后在两个相邻的顶点之间确定一条直线,直线上各点坐标通过插补计算得到;最后画笔依次沿着这些坐标移动,完成绘制。

在这个过程中有两个重要的知识点需要掌握,一是建立轨迹的坐标系,二是直角坐标系的插补算法。下面我们以一个菱形轨迹为例来介绍建立轨迹的坐标系和直角坐标系的插补算法。

建立坐标系基本思路是:先确定所绘制菱形的对角线长度以确定菱形的规格;再利用对角线长度计算各个顶点的坐标。

我们建立一个以 A 点为原点的直角坐标系,如图 3-36 所示,很容易可以得出其顶点坐标:$A(0,0)$,$B(X,0)$,$C(X+X_1,Y)$,$D(X_1,Y)$,其中菱形的对角线长度为已知量 a、b。

通过勾股定理很容易得出：

$$X = \sqrt{\left(\frac{a}{2}\right)^2 + \left(\frac{b}{2}\right)^2} \tag{3-1}$$

$$Y = \frac{\left(2 \times \frac{a}{2} \times \frac{b}{2}\right)}{X} \tag{3-2}$$

$$X_1 = \frac{\left[2 \times \left(\frac{b}{2}\right)^2 - X^2\right]}{X} \tag{3-3}$$

这样菱形的 4 个顶点坐标就确定了，接下来我们需要使机械臂依次运动到各个顶点，各个顶点之间的连线为一条直线。我们先来看如何进行两点之间的运动。

双轴平台实现两点间直线的轨迹运动需要 X 轴和 Y 轴共同协作，但是 X 轴和 Y 轴在运动时始终存在一个时间差，所以在绘制斜向直线时，实际是由绘制无数的折线段组成的，当这些折线无限小时，看起来就是一条直线了（如图 3-37 所示）。

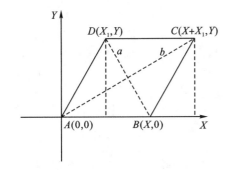

图 3-36　菱形轨迹

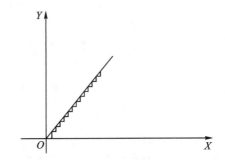

图 3-37　双轴平台实现两点间直线的轨迹运动

这里我们采用在数控加工中所用的曲线加工方法——插补计算。

插补计算：在轮廓线的起点到终点之间密集地计算出有限个坐标点，执行端沿着这些坐标点移动，用折线逼近所要绘制的曲线。

这里我们采用逐点比较法插补计算：绘图笔每走一步都要和给定轨迹上的坐标值进行一次比较，根据这个比较结果判断偏差方向，决定下一步的进给方向。

插补步骤：偏差判别（根据偏差确定下一步走向）→ 坐标进给（走一步）→ 偏差计算（判断偏差方向）→ 终点判断（插补结束判断）。

所以，在这个过程中，我们首先需要知道如何进行偏差方向的判断（偏差判别），知道对应的双轴平台 X、Y 向如何进给。

常规的方法是引入一个偏差量 F_m，通过判断 F_m 的值和终点所在象限来判断进给方向，当 $F_m \geqslant 0$ 且终点在一、四象限时，沿 $+X$ 方向进给，终点在二、三象限时，沿 $-X$ 向进给；当 $F_m < 0$ 且终点在一、二象限时，沿 $+Y$ 方向进给，终点在三、四象限时，沿 $-Y$ 向进给，如表 3-2 所示。

表 3－2　偏差方向的判断

	$F_m \geqslant 0$			$F_m < 0$	
所在象限	进给方向	偏差计算	所在象限	进给方向	偏差计算
一、四	$+X$		一、二	$+Y$	
二、三	$-X$	$F_m + 1 = F_m - y_e$	三、四	$-Y$	$F_m + 1 = F_m + x_e$

例 3.4　绘制 $x_e = 6$，$y_e = 4$，$F_0 = 0$。

第一象限线段 OA，起点为 $O(0,0)$，终点为 $A(6,4)$，试进行插补并做走步轨迹图。

进给总步数 $N_{xy} = |6-0| + |4-0| = 10$，如图 3－38 和表 3－3 所示。

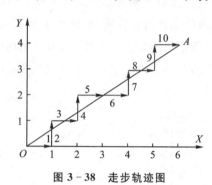

图 3－38　走步轨迹图

表 3－3　插补计算过程

步数	偏差判别	坐标进给	偏差计算	终点判断
起点			$F_0 = 0$	$N_{xy} = 10$
1	$F_0 = 0$	$+X$	$F_1 = F_0 - y_e = -4$	$N_{xy} = 9$
2	$F_1 < 0$	$+Y$	$F_2 = F_1 + x_e = 2$	$N_{xy} = 8$
3	$F_2 > 0$	$+X$	$F_3 = F_2 - y_e = -2$	$N_{xy} = 7$
4	$F_3 < 0$	$+Y$	$F_4 = F_3 + x_e = 4$	$N_{xy} = 6$
5	$F_4 > 0$	$+X$	$F_5 = F_4 - y_e = 0$	$N_{xy} = 5$
6	$F_5 = 0$	$+X$	$F_6 = F_5 - y_e = -4$	$N_{xy} = 4$
7	$F_6 < 0$	$+Y$	$F_7 = F_6 + x_e = 2$	$N_{xy} = 3$
8	$F_7 > 0$	$+X$	$F_8 = F_7 - y_e = -2$	$N_{xy} = 2$
9	$F_8 < 0$	$+Y$	$F_9 = F_8 + x_e = 4$	$N_{xy} = 1$
10	$F_9 > 0$	$+X$	$F_{10} = F_9 - y_e = 0$	$N_{xy} = 0$

例 3.5　编程实现图 3－39 所示基于单轴丝杠的搬运机器人两点间的搬运控制。

（1）首先在前面例 3.1 的基础上，即图 3-30 单轴丝杠搬运平台机构的基础上，添加控制板及其他器材。

器材：BASRA 控制板×1，BigFish2.1 扩展板×1，触碰传感器（限位开关）×1，灰度传感器（物块检测）×1，锂电池×1，钣金件若干，连接线若干等。

如图 3-40 所示，安装一个触碰传感器和一个灰度传感器。

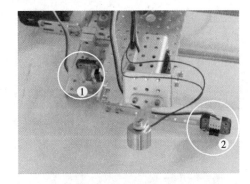

图 3-39　基于单轴丝杠的搬运机器人实物图　　　图 3-40　安装传感器

（2）连接电路。按照图 3-41 和表 3-4 所示，将步进电机、伺服电机、触碰传感器（限位开关）和灰度传感器连接到 BigFish 扩展板上；按图 3-42 所示，将 BigFish 扩展板叠加在 BASRA 控制板上。

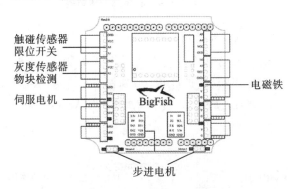

图 3-41　电路连接示意图　　　3-42　将 BigFish 扩展板叠加在 BASRA 控制板上

表 3-4　电路连接说明

设备	BigFish 扩展板引脚
步进电机	黑 D5，绿 D6，红 D9，蓝 D10
灰度传感器	A2
触碰传感器	AD
电磁铁	GND，D3
伺服电机	D4

单轴机构搬运例程

完成安装和连接后形成如图3-39所示的基于单轴丝杠的搬运机器人。

(3)编程实现该搬运机器人的搬运控制。扫描二维码下载例程,该例程可实现两点间的搬运控制。

例3.6 编程实现图3-43所示的基于双轴丝杠平台的绘图机器人绘制菱形。

(1)首先在图3-32所示的双轴丝杠平台机构的基础上,添加控制板及其他器材。

器材:BASRA控制板×1,BigFish2.1扩展板×1,SH-ST扩展板×1,触碰传感器(限位开关)×2,钣金件若干,连接线若干。

如图3-44所示,安装两个触碰开关作为限位器,见图中的①和②。

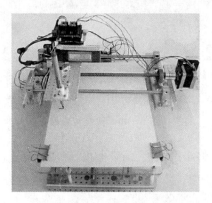 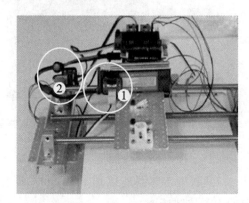

图3-43 基于双轴丝杠平台的绘图机器人　　　　图3-44 安装触碰传感器

安装一个启动平台的开关传感器(电机运动的触发传感器)。

(2)连接电路。按照图3-45和表3-5将步进电机连接到SH-ST扩展板上;按照图3-46和表3-5将限位开关、触碰开关连接到BigFish扩展板上;如图3-47所示,将SH-ST扩展板叠加到BigFish扩展板上,再将BigFish扩展板叠加在BASRA控制板上。

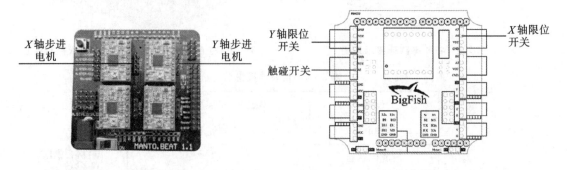

图3-45 步进电机电路连接示意图　　　　图3-46 BigFish扩展板上电路连接示意图

表 3 – 5　双轴丝杠平台电路连接说明

设备	SH – ST/BigFish 扩展板引脚
X 轴步进电机	黑绿红蓝
Y 轴步进电机	黑绿红蓝
X 方向复位传感器（限位开关）	A4
Y 方向复位传感器（限位开关）	A0
电机运动的触发传感器（触碰开关）	A2

双轴绘制菱形例程

图 3 – 47　BigFish 扩展板、BASRA 控制板和 SH – ST 扩展板堆叠

（3）编程实现用该绘图机器人绘制菱形。扫描二维码下载例程，输入不同的 a、b 的值，可以完成菱形的绘制。

3.3　关节型串联机械臂的设计及运动控制

3.3.1　关节型串联机械臂机构设计案例

该关节型串联机械臂为三自由度串联机械臂，如图 3-48 所示，由 1 个齿轮连杆组机械手爪和 1 个二自由度云台组成。

齿轮连杆组机械手爪如图 3-49 所示，由伺服电机驱动，ABCD 组成一个曲柄摆杆，A点是舵机的转动中心，AB 杆作为驱动杆，AD 杆作为机架，BC 杆作为传动杆，DC 杆作为随动杆，舵机转动驱动 AB 杆通过 BC 杆将运动传递给 DC 杆，使 DC 杆的手指转动，DC 杆上的齿轮 1 通过齿轮传动带动齿轮 2 相对转动，带动齿轮 2 上的机械手指转动，实现两个机械手指的相对运动。

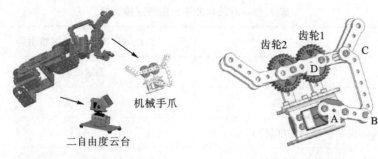

图 3 - 48　关节型串联机械臂　　　　　图 3 - 49　机械手爪

二自由度云台由两个关节模块组成,如图 3 - 50 所示。关节模块由一个伺服电机驱动配合伺服电机支架组成,如图 3 - 51 所示。

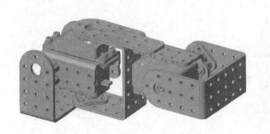

图 3 - 50　二自由度云台　　　　　　　图 3 - 51　关节模块

多个关节模块还可组成三自由度机械臂、五自由度机械臂、十二自由度 6 足结构,如图 3 - 52 所示。

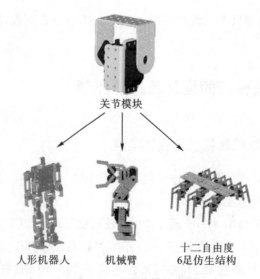

图 3 - 52　关节模块应用

例 3.7　三自由度串联机械臂的组装(一)。

完成如图 3 - 53 所示的三自由度串联机械臂的组装,该机械臂包含了 2 个关节模块(如图 3 - 51 所示)和 1 个夹持器模块(如图 3 - 54 所示)。

图 3-53　三自由度串联机械臂 1　　　　　　　图 3-54　夹持器模块

主要器材如下。

关节模块:1 个 270°舵机,1 个 U 形支架,1 个大舵机支架,1 个大舵机输出头,1 个大舵机后盖输出头,螺钉、螺母若干。

夹持器模块:1 个标准伺服电机,2 个齿轮,4 个机械手指,1 个输出头,2 个机械手(40 mm),1 个双足连杆,若干螺钉、螺母、螺柱等零件。

组装步骤如下。

(1)完成一个如图 3-51 所示的关节模块的组装,组装关节模块步骤如表 3-6 所示。组装步骤可扫描二维码查阅。

表 3-6　关节模块组装步骤

第一步:选择 1 个 270°舵机和 1 个大舵机支架,将两个零件如下图所示配合。 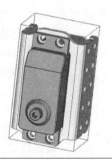	第二步:找到 4 个螺钉(8 mm)和 4 个螺母,如下图所示固定。 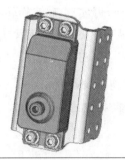
第三步:找 1 个大舵机输出头和 1 个螺钉(6 mm),如下图所示组装。 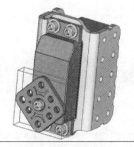	第四步:找到一个大舵机后盖输出头如下图所示放置。 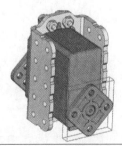

第五步:找到 1 个 U 形支架、8 个螺钉(8 mm)和 8 个螺母,如下图所示组装。

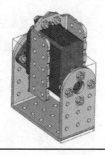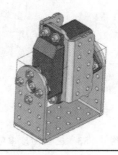

(2)两个关节模块组成一个二自由度串联机械臂,参考图 3-50。

(3)组装一个如图 3-54 所示夹持器模块,夹持器组装步骤可扫描二维码查阅。

(4)由二自由度串联机械臂和夹持器组装完成图 3-53 所示的三自由度机械臂(含执行器)。

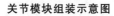

关节模块组装示意图　　　　　　　夹持器组装步骤

例 3.8　三自由度串联机械臂的组装(二)。

不同于图 3-53 所示的两个关节模块完全相同的三自由度串联机械臂,图 3-55 所示为一种大臂和小臂长度不同的三自由度串联机械臂,底部有舵机转台,可实现 360°旋转,大臂臂长 $a = 160$ mm,小臂臂长 $b = 135$ mm,机械臂原点所在平面与作业平面有高度差。

主要器材:BASRA 控制板×1,BigFish2.1 扩展板×1,270°舵机×3,钣金件若干,连接线若干。

三自由度串联机械臂 2 组装步骤

组装步骤:扫描二维码查阅。

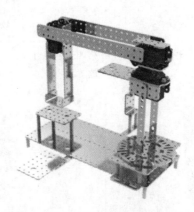

图 3-55　三自由度串联机械臂 2

3.3.2　关节型串联机械臂的运动控制及例程

关节型串联机械臂的运动控制有两种,一种是正运动控制,一种是逆运动控制。

关节型串联机械臂的正运动简单来说是指确定每个关节舵机转动的角度,从而确定机械臂端点位置。这种方法在调试时对于少量自由度的机械臂比较实用,但是当自由度增加时,调试复杂程度也会随之增加。

还有些比较简单的机械臂控制采用正运动控制,直接控制机械臂各个关节的角度,通过观察操作使机械臂末端到达目标位置。比如图 3-56 所示的三自由度机械臂(不含执行器),我们只需要确定其 3 个关节上的舵机转动角度 α、θ、β,即可确定执行端的位置(暂时不考虑臂长的因素)。

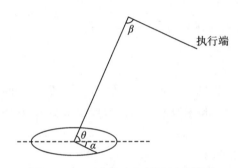

图 3-56　三自由度机械臂示意简图

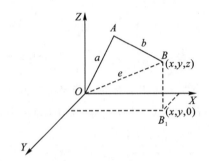

图 3-57　三自由度机械臂投影示意图 1

在调试过程中,我们可以将对应的位置和舵机转动角度填入表 3-7,并将这些数据在程序中表示出来。

表 3-7　对应位置和舵机转动角度表

机械臂调试	1 号舵机角度 α	2 号舵机角度 θ	3 号舵机角度 β
执行端位置 1			
执行端位置 2			
执行端位置 3			

串联机械臂的逆运动控制简单来说是指确定目标的位置,然后通过算法计算出各关节需要转动的角度,自动调整到合适的位置。

这里介绍一种三自由度机械臂(不含执行器)逆运动的算法:建立一个以底部自由度运动中心为原点的空间直角坐标系,将三自由度机械臂放置到坐标系中,再将原点与端点的空间连线投影到 xOy 平面上。已知机械臂臂长和端点坐标,通过三角函数可以推导出各个关节所需转动的角度,e 的长度可通过两点间的距离公式求出。

算法如下:

经过前面的学习,我们知道逆运动控制是通过坐标来计算出各个关节转动的角度。这里我们可以通过以下步骤建立几何模型和确定运动学算法。

(1)将末端 B 点坐标设置为 (x,y,z)，做 B 点在 xOy 平面上的投影 $B_1(x,y,0)$，如图 3-57 所示。

(2)计算转台旋转角度与末端坐标的关系。如图 3-58 所示，做 O 点到 B_1 点的辅助线 OB_1（两点距离为 d），则 OB_1 为 OA 和 AB 在 xOy 平面的投影。这里我们假设 OX 为转台的初始位置，则 $\angle XOB_1$（即图中 α）为转台旋转角度。

则通过三角函数可得出以下关系：

$$\sin\alpha = \frac{y}{d} \tag{3-4}$$

d 为 OB_1 长度，可通过两点距离公式得出如下关系

$$d = \sqrt{x^2 + y^2} \tag{3-5}$$

由式(3-4)与式(3-5)可得转台旋转角度 α 与末端坐标的关系如下：

$$\sin\alpha = \frac{y}{\sqrt{x^2 + y^2}} \tag{3-6}$$

(3)计算大臂和小臂夹角与坐标之间的关系。如图 3-59 所示，做 O 点和 B 点之间的辅助线 OB（两点距离为 e），$\angle OAB$（即图中 β）为大臂和小臂的夹角。根据图示关系，利用三角函数可得以下关系：

$$\cos\beta = \frac{a^2 + b^2 - e^2}{2ab} \tag{3-7}$$

其中 a、b 分别为大臂和小臂的长度，可通过对实际的机械臂进行测量得到，为已知量；e 可根据空间两点距离公式求得：

$$e = \sqrt{x^2 + y^2 + z^2} \tag{3-8}$$

由式(3-7)与式(3-8)可得大小臂夹角 β 与末端坐标之间的关系如下：

$$\cos\beta = \frac{a^2 + b^2 - (x^2 + y^2 + z^2)}{2ab} \tag{3-9}$$

(4)计算大臂旋转角度与末端坐标之间的关系。图 3-59 中 $\angle AOB_1$（即图中 θ）为大臂旋转角度。根据图 3-59 所示可得以下关系：

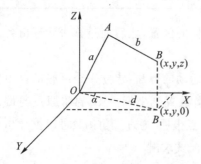

图 3-58　三自由度机械臂投影示意图 2

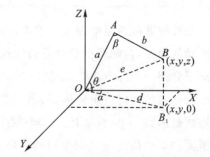

图 3-59　三自由度机械臂投影示意图 3

$$\theta = \angle AOB + \angle BOB_1 \tag{3-10}$$

其中 $\angle AOB$ 可在 $\triangle AOB$ 中利用三角函数求出：

$$\angle AOB = \arccos\left(\frac{d}{e}\right) \tag{3-11}$$

其中 e 的值可通过式(3-8)得出。

式(3-10)中的 $\angle BOB_1$ 可在 $\triangle OBB_1$ 用三角函数求出：

$$\angle BOB_1 = \arccos\left(\frac{d}{e}\right) \tag{3-12}$$

其中 z 为 BB_1 长度。

由式(3-10)、式(3-11)和式(3-12)可得大臂转动角度 θ 与机械臂末端坐标关系：

$$\theta = \arccos\left(\frac{a^2 + e^2 - b^2}{2ae}\right) + \arccos\left(\frac{d^2 + e^2 - z^2}{2de}\right) \tag{3-13}$$

其中

$$e = \sqrt{x^2 + y^2 + z^2} \tag{3-14}$$

(5)接下来计算小臂转动角度与末端坐标之间的关系。求小臂转动角度,需要先确定小臂的 0°所在位置,如图 3-60 所示。

由图 3-60 可知,机械臂复位时,大臂与小臂夹角 $\beta = 90°$;而实际的大臂初始角度为 Z 轴正方向,则此时小臂转动角度 $\lambda = 90°$。那么机械臂进行运动后,可做图 3-61,得出小臂转动与末端坐标之间的关系。

由图 3-61 可知:

$$\lambda = 270° - \theta - \beta \tag{3-15}$$

其中 θ 为大臂转动角度,β 满足

$$\cos\beta = \frac{a^2 + b^2 - (x^2 + y^2 + z^2)}{2ab} \tag{3-16}$$

图中 θ 进行了一个简单的几何关系变化。

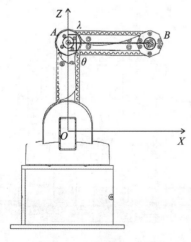

图 3-60　小臂的 0°位置

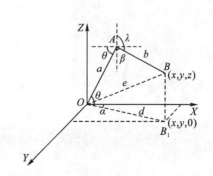

图 3-61　三自由度机械臂投影示意图 4

最后得到简化模型的机械臂运动算法：

转台
$$\sin\alpha = \frac{y}{\sqrt{x^2 + y^2}}$$
(3 - 17)

大臂
$$\theta = \arccos\left(\frac{a^2 + e^2 - b^2}{2ae}\right) + \arccos\left(\frac{d}{e}\right)$$
(3 - 18)

$$e = \sqrt{x^2 + y^2 + z^2}$$
(3 - 19)

小臂
$$\lambda = 270° - \theta - \beta$$
(3 - 20)

其中 θ 为大臂转动角度，β 关系满足

$$\cos\beta = \frac{a^2 + b^2 - (x^2 + y^2 + z^2)}{2ab}$$
(3 - 21)

注意：a 为机械臂大臂长度，b 为机械臂小臂长度，二者可通过测量得出；x、y、z 为末端需要达到的实际坐标值。

任务：可参考以上三自由度机械臂的运动算法，尝试完成二自由度云台（不包含机械手爪）的运动算法。

例3.9 编程实现图 3 - 62 所示的三自由度串联机械臂逆运动控制。

如图 3 - 62 所示的三自由度串联机械臂，臂长 $a = 160$ mm，$b = 135$ mm。机械臂原点所在平面与作业平面有高度差，高度差值 $h = 175$ mm。

(1)首先在图 3 - 55 所示的三自由度串联机械臂机构的基础上添加器材。

器材：BASRA 控制板×1，BigFish2.1 扩展板×1，电磁铁，锂电池×1，钣金件若干，连接线若干等。

(2)连接电路。将 BigFish 扩展板与 BASRA 主控板堆叠连接，将电池和伺服电机连接到 BigFish 板子上，如图 3 - 63 所示：

将伺服电机接在白色3针伺服电机口上，注意观察板上的引脚名称不要插反，简单来说，露出金属的那一面应朝下。

图 3 - 62　三自由度串联机械臂

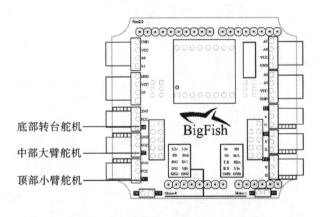

图 3 - 63　BigFish 扩展板电路连接示意图

三个伺服电机(由下至上)及电磁铁的连接方式如图 3-63 和表 3-8 所示。

表 3-8　电路连接说明

设备	引脚
伺服电机(底部转台舵机)	D4,GND,VCC
伺服电机(中部大臂舵机)	D7,GND,VCC
伺服电机(顶部小臂舵机)	D11,GND,VCC
电磁铁	D9,D10

三自由度串联机
械臂控制例程

(3)编程实现该三自由度串联机械臂逆运动学控制,可扫描二维码下载例程。

3.4　关节型并联机械臂的设计及运动控制

3.4.1　关节型并联机械臂机构设计案例

关节型并联机械臂与串联机械臂每个独立的关节模块组成不同,并联机械臂是通过连杆组使多个驱动同时控制机械臂末端,如图 3-64 所示。

图 3-64 所示是一个四连杆并联机械臂,可以分解为三个部分,如图 3-65 所示。第一个部分是图(a)中显示的四连杆,舵机 y 作为驱动,舵机 x 固定不动,这时会形成一个 $FBCD$ 四连杆结构,FB 为机架,FD 为驱动杆;第二个部分是图(b)的四连杆,舵机 x 作为驱动,舵机 y

图 3-64　四连杆并联机械臂

固定不动,这时会形成一个 $ABCD$ 四连杆,其中 AD 作为机架,AB 作为驱动杆,BC 作为传动杆,CD 作为随动杆;第三部分为图(c)中所示 $DGHI$ 平行四连杆,这个部分没有驱动,主要作用是保证执行端 HI 保持一个方向。综上可知,CD 杆为第一部分四连杆和第二部分四连杆共同控制的杆件。

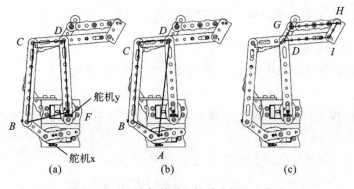

图 3-65　四连杆并联机械臂分解为三部分

例 3.10 完成如图 3-64 所示的四连杆并联机械臂的组装。

四连杆并联机械臂机构如图 3-64 所示,可实现搬运功能。其主要器材和组装步骤如下。

主要器材:标准伺服电机×2,双足支杆×4,机械手指×2,机械手 40 mm 驱动×5,3×5 折弯×1,螺钉、螺母、轴套若干。

组装步骤及注意事项如下:

(1)完成如图 3-64 和 3-65 所示机械臂组装。

(2)注意,图 3-66 中四连杆连接点为铰接安装处。

(3)零件铰接时注意轴套安装,如图 3-67 所示。

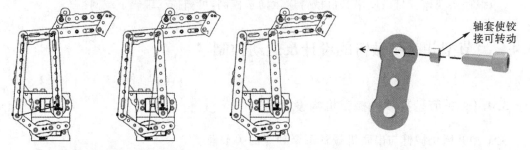

图 3-66 四连杆并联机械臂铰接安装处　　　图 3-67 铰接处轴套安装

例 3.11 组装如图 3-68 所示的 Delta 并联机械臂结构。

主要器材:步进电机×3,丝杠套装×3,钣金件若干,连接线若干。

图 3-68 Delta 并联机械臂

Delta 并联机械臂的组装步骤

组装步骤:组装步骤请扫描二维码查看。

例 3.12 完成并联码垛机械臂(五自由度并联机械臂)组装。

五自由度并联码垛机械臂如图 3-69 所示,该机械臂由 1 个五自由度并联机械臂和 1 个单轴丝杠平台构成,机械臂通过并联的方式同时控制同一个端点的运动,可实现搬运功能。

主要器材:270°舵机×5,钣金件若干,连接线若干。

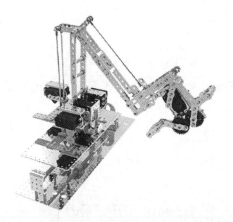

五自由度并联机

械臂组装步骤

图 3 - 69　并联码垛机械臂(五自由度并联机械臂)

五自由度并联机械臂主要部分的组装步骤可扫描二维码查阅。

3.4.2　关节型并联机械臂的运动控制及例程

1. 四连杆并联机械臂运动算法

当机械臂完成动作时,需通过舵机对图 3 - 70 中的 L_1 和 L_2 两根连杆进行控制和调节,两个舵机的角度分别为 θ_1 和 θ_2。为了方便分析,将机械臂简化进行分析。

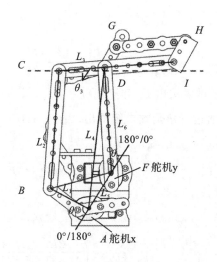

图 3 - 70　机械臂简化

图 3 - 70 中 $L_1 = AB$,$L_2 = BC$,$L_3 = CD$,$L_4 = DA$,$L_5 = AF$,$L_6 = DF$,其中假设舵机 x 和舵机 y 的 0° 和 180° 的极限位置为 AF 杆方向,θ_1 和 θ_2 分别为舵机 x 和舵机 y 的转动角度,θ_3 为 CD 杆转动角度,L_1、L_2、L_3、L_5、L_6 都为已知尺寸(可用尺子量出)。

在这个模型中,并联机械臂的运动算法就是求出 CD 杆的运动轨迹,实际是求出 CD 杆

与 DF 杆的夹角 $\angle CDF$。

由图 3 - 70 可知：

$$\angle CDF = \angle CDA + \angle ADF \tag{3-23}$$

$\angle CDA$ 位于四连杆 $ABCD$ 中，可通过欧拉公式可以推导；$\angle ADF$ 位于 $\triangle ADF$ 中，可以通过余弦定律推导；

假设 $\angle CDA = \alpha$，根据欧拉公式展开得：

$$L_2 \cos\theta_3 = L_3 \cos\alpha + L_4 - L_1 \cos\angle BAD \tag{3-24}$$

求解可得：

$$\angle CDA = \alpha = 2\arctan\left(\frac{-B \pm \sqrt{B^2 - 4AC}}{2A}\right) \tag{3-25}$$

其中

$$A = -h_1 + (1 - h_3)\cos\angle BAD + h_5$$

$$B = -2\sin\angle BAD$$

$$C = h_1 - (1 + h_3)\cos\angle BAD + h_5$$

其中

$$h_1 = \frac{L_4}{L_1}$$

$$h_3 = \frac{L_4}{L_3}$$

$$h_5 = \frac{L_4^2 + L_1^2 - L_2^2 + L_3^2}{2L_1 L_3}$$

从上面的公式中可知还需要求出 L_4 和 $\angle BAD$。

L_4 位于 $\triangle ADF$ 中，可通过三角函数求解得出。在 $\triangle ADF$ 中需要知道两条相邻边长和该相邻边的夹角，其中 L_6 和 L_5 为已知量，所以：

$$L_4 = \sqrt{L_6^2 + L_5^2 - 2L_6 L_5 \cos\angle DAF} \tag{3-26}$$

其中 $\angle DAF = 180° - \theta_2$。

$$\angle BAD = 180° - \theta_1 - \angle DAF$$

$$\angle DAF = \arccos\left(\frac{L_4^2 + L_5^2 - L_6^2}{2L_4 L_5}\right) = \arccos\left(\frac{2L_5^2 - 2L_6 L_5 \cos(180° - \theta_2)}{2L_5 \sqrt{L_6^2 + L_5^2 - 2L_6 L_5 \cos\angle DFA}}\right) \tag{3-27}$$

同理可得：

$$\angle ADF = \arccos\left(\frac{L_4^2 + L_6^2 - L_5^2}{2L_4 L_6}\right) = \arccos\left(\frac{2L_6^2 - 2L_6 L_5 \cos(180° - \theta_2)}{2L_6 \sqrt{L_6^2 + L_5^2 - 2L_6 L_5 \cos\angle DFA}}\right) \tag{3-28}$$

最终可解得:

$$\angle CDF = \angle CDA + \angle ADF = f(\theta_1, \theta_2) \qquad (3-29)$$

计算机械臂的端点 I 的运动轨迹,可建立以舵机 x 和舵机 y 转动中心连线为 x 轴的平面坐标系,如图 3-71 所示。

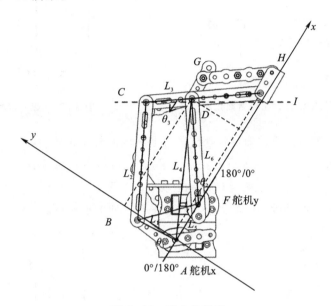

图 3-71　建立坐标系

如图 3-71 所示,对 D 点和 I 点作它们在平面直角坐标系上的投影,根据前面计算出的 D 点角度位置计算 I 点的运动坐标,最终可获得 $I(f(\theta_1, \theta_2))$ 的关系。

2. Delta 并联机械臂运动算法

先简化图 3-68 所示的 Delta 并联机械臂机构模型。

图 3-72 中 tower1、tower2、tower3 代表三个丝杠平台。在每个丝杠平台上有一个滑块,滑块通过一根连杆与端点连接,最终端点的运动状态由 3 个滑块的移动位置来决定,所以我们需要算出每个丝杠平台移动与端点运动的关系方程,实际就是确定滑块运动与端点运动的关系。

首先如图 3-73 所示,建立一个空间直角坐标系,该直角坐标系以 3 个丝杠平台在俯视图方向投影的内切圆心为原点,x 轴与 tower1 和 tower3 之间的连线平行,y 轴过 tower2,其中 $z=0$ 的平面设置在三个限位开关所在平面。

建立坐标系之后,如图 3-74 所示,我们可以得出 3 个限位开关的坐标为

$$A = (-m\sin 60°, m\cos 60°, 0), B = (0, m, 0), C = (m\sin 60°, m\cos 60°, 0)$$

其中 m 为在 xOy 投影面上的正三角形的内切圆心到 B 点的距离。

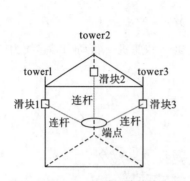

图 3-72　Delta 并联机械臂简化图

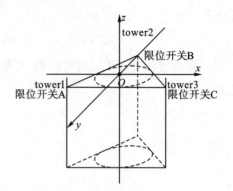

图 3-73　建立坐标系

确定各限位开关的位置即确定各丝杠平台上滑块的初始位置,丝杠平台的运动可简化为如图 3-75 所示。其中 N 点为滑块初始位置,Q 点为端点初始位置,P 为 Q 点在丝杠平台 z 轴上的投影;N_1、P_1、Q_1 点为丝杠平台运动后的位置;T 点为某一固定点,假设为 Delta 机械臂上端点在 z 向可以运动的最大值在丝杠平台 z 向的投影点。

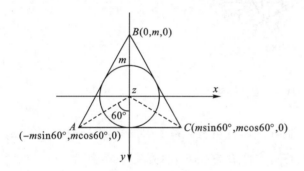

图 3-74　限位开关坐标

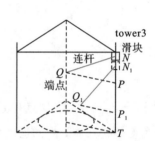

图 3-75　丝杠平台运动的简化

逆运动控制是根据 Q_1 点的位置确定 NN_1 的距离。在图 3-75 中有几个已知的值,分别是连杆长度 NQ/N_1Q_1、NT 的距离、Q_1 点的坐标,其中我们输入的量是 Q_1 的坐标(x_1,y_1,z_1),这里需要注意的是 z_1 坐标为负值,为了方便理解在后面的推导中我们都对 z_1 取绝对值。

我们需要计算的是 NN_1 的距离:

$$NN_1 = NP_1 - N_1P_1 \qquad (3-30)$$

其中 Q_1 的 z_1 坐标与 P_1 的 z 坐标一致,所以 NP_1 为已知量 z_1,即这里我们只需要计算出 N_1P_1 的值即可:

$$NN_1 = z_1 - N_1P_1 \qquad (3-31)$$

根据勾股定理:

$$N_1P_1 = \sqrt{N_1Q_1^2 - Q_1P_1^2} \qquad (3-32)$$

其中 N_1Q_1 为连杆长度,可通过测量得到。所以这里需要计算出 Q_1P_1,该长度我们可以通过两点距离公式得出,借助俯视图投影(图 3 - 76)进行计算。

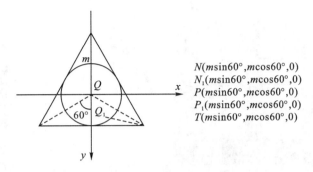

$N(m\sin60°,m\cos60°,0)$
$N_1(m\sin60°,m\cos60°,0)$
$P(m\sin60°,m\cos60°,0)$
$P_1(m\sin60°,m\cos60°,0)$
$T(m\sin60°,m\cos60°,0)$

图 3 - 76　借助俯视图投影计算坐标

为方便计算 Q_1P_1,将 N、N_1、P、P_1、T 点都投影到 z 为 0 的平面,则有 $Q_1(x_1,y_1,0)$。

根据点坐标公式可得:

$$Q_1P_1 = \sqrt{(x_1 - m\sin60°)^2 + (y_1 - m\cos60°)^2} \tag{3-33}$$

综上所述:

$$NN_1 = z_1 - \sqrt{N_1Q_1^2 - (x_1 - m\sin60°)^2 - (y_1 - m\cos60°)^2} \tag{3-34}$$

这样就求出了 NN_1(丝杠移动距离)与 Q_1(执行端运动的终点)坐标的关系。

例 3.13　编程实现图 3 - 77 所示 Delta 并联机械臂的逆运动控制。

(1)首先在图 3 - 68 所示 Delta 并联机械臂机构的基础上,添加控制板及其他器材。

器材:BASRA 控制板×1,BigFish2.1 扩展板×1,SH - ST 扩展板×1,钣金件若干,连接线若干。

(2)选择 3 个触碰开关,用 4 个四芯输入线分别按照图 3 - 78 所示安装在 Delta 的 3 个机械臂上。

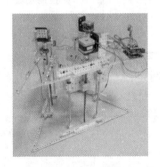

图 3 - 77　Delta 并联机器人实物图　　　　图 3 - 78　触碰开关安装位置

(3)将 BigFish 扩展板、BASRA 控制板、步进电机扩展板堆叠到一起,连线如图 3 - 79 所示。

完成安装和连接后形成如图 3 - 77 所示的 Delta 并联搬运机器人。

(4)基于逆运动学控制,编程实现 Delta 并联机械臂两点间运动。扫描二维码下载例程。

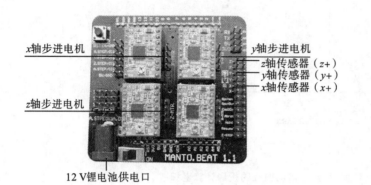

Delta 并联机械臂
逆运动控制例程

图 3 - 79   SH - ST 扩展板电路连接示意图

例 3.14   编程实现如图 3 - 69 所示并联码垛机械臂的逆运动控制(五自由度并联机械臂)。

(1)首先在图 3 - 69 所示并联码垛机械臂机构的基础上,添加控制板及其他器材。

器材:BASRA 控制板×1,BigFish2.1 扩展板×1,钣金件若干,连接线若干。

(2)舵机接线如表 3 - 9 所示。

表 3 - 9   舵机接线说明

舵机(由下至上①—⑤)	引脚
①舵机接线	D4,GND,VCC
②舵机接线	D7,GND,VCC
③舵机接线	D3,GND,VCC
④舵机接线	D8,GND,VCC
⑤舵机接线	D12,GND,VCC

并联码垛机器
人控制例程

(3)编程实现如图 3 - 69 所示并联码垛机械臂的运动控制,可扫描二维码下载例程。

第4章　全向底盘设计及运动控制

4.1　全向底盘的应用

普通的轮式机器人只能实现前进、后退及左右转动,要到达某一位置可能需要走较长的路程并耗费相当长的时间。所以在人流量大或空间狭小的场合,例如大型超市、商场、机场等处,普通轮式机器人并不能很好地胜任巡检等工作。而全向移动机器人可以在任意方向做直线运动而不需要事先做旋转运动来调整自身的姿态,从而满足工作要求。

全向式机器人是轮式机器人的一个新兴分支,它位置姿态调整灵活,可以在自身姿态不变的情况下,实现向各个方向的运动,对工作空间要求更小,横向调整更方便,在狭窄、拥挤环境中更有优势。常见的全向式机器人的全向底盘主要有3种,这3种底盘是由3种全向轮组成的,分别是万向轮全向底盘、麦克纳姆(Mecanum)轮全向底盘和福来轮全向底盘。

万向轮全向底盘(如图4-1所示):此类底盘前后为随动万向轮(如图4-2所示),中间为差速双驱,具有结构简单、成本低、控制难度低等特点。

麦克纳姆轮全向底盘(如图4-3所示):底盘轮子采用麦克纳姆轮(如图4-4所示),全向底盘每个轮都独立驱动,常用于负载较大的自动导向车(Automatic Guided Vehicle,AGV)。

福来轮全向底盘(如图4-5所示):底盘轮子采用福来轮(如图4-6所示),特点是可以非常灵活地全向移动。

图4-1　万向轮全向底盘

图4-2　万向轮

图4-3　麦克纳姆轮全向底盘

图 4 - 4 麦克纳姆轮

图 4 - 5 福来轮全向底盘

图 4 - 6 福来轮

全向底盘具备结构简单、运动灵活等特点,在工业、竞赛中有广泛应用。

1. 工业应用

图 4 - 7 为库卡(KUKA)全向移动机器人 AGV,可全向移动,重载有液压顶升,可用于航空航天、汽车工业等领域。其将自主型机器人和移动式平台快速可靠地整合起来,非常简便,有很强的灵活性。它使用了麦克纳姆车轮系统,可以实现高精度的运输(即使是在运输最重的货物的情况下)。同时搭配了自主导航系统,可用于全自动运行。

图 4 - 8 所示为成都航发液压工程有限公司的双车联动型重载全向车,可实现高精度移动、对齐及零半径转向。通过联动控制技术,可完成超长、超重型设备的运载工作。该高精度重载联动技术可应用于航空航天、轨道交通、桥梁建筑等领域。

图 4 - 7 库卡全向移动机器人 AGV

图 4 - 8 成都航发的重载全向车

图 4 - 9 所示为成都航发液压工程有限公司的 OmniTurtle HTL 系列全向车,它具有全向移动性能,可实现在平面内向任意方向的平移、自转、平移加自转运动,可提供 1～100 t 的承载能力,可应用于风电设备制造、列车总装、飞机总装等领域。它具有全向移动性能,操作员可以操作平台托举重物实现精确定位对接、装配,大大简化了装配工艺,增强了可操作性,降低了装配风险,提高了生产效率。

图 4 - 10 所示是六部工坊科技有限公司生产的启明 1 服务机器人,是一款面向服务型

应用的机器人平台,主体结构包括大负载全向移动底盘、可升降的动力脊柱、高精度机械臂和宽视角的立体相机系统,可完成动态目标跟随、语音对话交互和物品识别抓取等任务。它采用了三轮全向式移动底盘,可以在不改变朝向的情况下沿水平的任意方向移动,提高了运动过程中位姿调整的效率。

图 4 - 9　OmniTurtle HTL 全向车　　　图 4 - 10　启明 1 服务机器人采用的三轮全向式移动底盘

图 4 - 11 是长源动力科技有限公司的 CRAB210 全向移动侦察机器人,它体积小巧,外形扁平,主要用于狭窄、低矮空间(如车底、会议场所座椅底部,或大型货柜、货架、集装箱的底部等)的侦察作业,亦可加载各种传感器模块对目标区域进行探测。可以实现原地自由旋转、摄像头自由旋转。机器人驱动轮采用了麦克纳姆轮结构,具备任意方向、角度的平移运动能力,具有更强抓地力,运动更加灵活,操作更加方便。CRAB210 行进速度快,工作效率高,特别适合大面积低矮区域的快速检查。

图 4 - 11　长源动力 CRAB210 全向移动侦察机器人

2. 竞赛应用

图 4 - 12 所示为 2017 年全国大学生机器人大赛(RoboMaster)中西安交通大学学生使用的三轮全向底盘机器人,采用了福来轮结构,侧隙小,扭矩大,响应快,重复定位精度高。图 4 - 13 所示为 RoboMaster 比赛中的四轮全向底盘机器人,采用了麦克纳姆轮结构。

图 4-12　RoboMaster 比赛中的三轮
全向底盘机器人

图 4-13　RoboMaster 比赛中的四轮
全向底盘机器人

图 4-14 所示为"能源·智慧·未来"全国大学生创新创业大赛中的"步兵机器人",采用了麦克纳姆轮结构,可以适应复杂地形、快速转向,定位精度高。

图 4-14　"能源·智慧·未来"全国大学生创新创业大赛中的"步兵机器人"

4.2　全向底盘设计及运动控制

4.2.1　四轮全向底盘的设计案例

本节以福来轮为例,介绍四轮全向底盘结构的设计。福来轮由主轮和副轮组成,主轮和副轮垂直分布(如图 4-15 所示)。

采用福来轮的四轮全向底盘结构设计:四轮全向底盘采用福来轮作为执行轮时,有两种安装方式,一种为四个轮成正方形分布,且每个轮在斜 45°方向安装,如图 4-16 所示;另一种可采用相邻轮垂直分布,4 个轮分别位于底盘四个顶点位置,如图 4-17 所示。

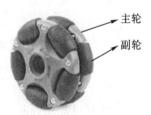

主轮
副轮

图 4-15　福来轮

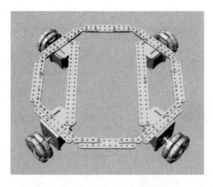
图 4 - 16　四轮福来轮底盘结构一

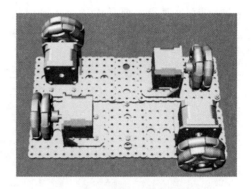
图 4 - 17　四轮福来轮底盘结构二

例 4.1　组装全向福来轮模块。

主要器材:福来轮×1,福来轮联轴器×1,步进电机×1,步进电机支架× 1,螺丝螺母若干。

组装步骤:参考表 4 - 1 完成一个全向轮福来轮模块的组装。

表 4 - 1　福来轮组装步骤

第一步:选择 1 个步进电机和 1 个步进电机支架,将两个零件如下图所示配合,并且使用螺丝螺母完成装配。	第二步:找到福来轮联轴器,把联轴器的盖用十字螺丝刀拧下,剩下联轴器座进行如图所示安装。

第三步:找 1 个全向福来轮如下图组装。	第四步:将福来轮联轴器盖扣在福来轮上,将螺丝锁死,完成模块组装。

例 4.2　完成如图 4 - 18 所示的四轮福来轮底盘组装。

主要器材:步进电机×4,福来轮×4,福来轮联轴器×4,步进电机支架×4,标准舵机×1,笔架×1,钣金件若干。

组装步骤:该底盘主要是由 4 个步进电机驱动的福来轮模块组成,在例 4.1 基础上,按照图 4-18 所示连接 4 个福来轮模块和舵机模块,完成四轮全向福来轮底盘的组装。

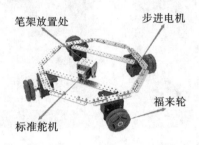

笔架放置处　　步进电机

标准舵机　　福来轮

图 4-18　四轮全向福来轮底盘

4.2.2　四轮全向底盘的运动控制及例程

1.四轮全向底盘运动算法

福来轮底盘的一个特点是可以灵活地全向移动,四轮福来轮的全向移动需要四个轮的相互配合,运动方向和各个轮的转向关系如图 4-19 所示(箭头方向表示轮或车的运动方向)。

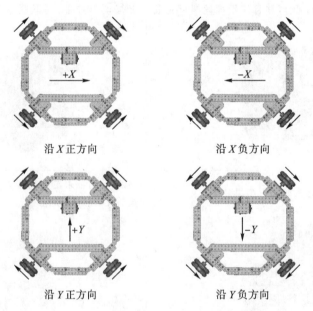

$+X$　　　　　　　$-X$

沿 X 正方向　　　　　　沿 X 负方向

$+Y$　　　　　　　$-Y$

沿 Y 正方向　　　　　　沿 Y 负方向

图 4-19　运动方向和各个轮的转向关系

2.四轮全向运动轮子速度分析

如图 4-20 所示,假设机器人的总体速度为 $(V_x, V_y, \dot{\theta})$,V_x 和 V_y 是总速度在全局坐标系中的 X 轴和 Y 轴上的分速度,θ 为瞬间转动角度,$\dot{\theta}$ 是角速度,逆时针为正,机器人的各个轮子按 90° 间隔平均分布,并且半径都是 R,机器人的 4 个轮子的初始轴线与全局坐标系的 X 轴和 Y 轴都呈 45°,4 个轮子的速度分别为 V_1、V_2、V_3、V_4,根据运动学合成的原理,可得(这里直接给出计算公式,如需完整分析请查阅相关资料):

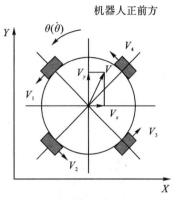

机器人正前方

图 4-20　机器人速度分析

$$
\begin{bmatrix} V_1 \\ V_2 \\ V_3 \\ V_4 \end{bmatrix} = \begin{bmatrix} -\sin\left(\dfrac{\pi}{4}-\theta\right) & -\cos\left(\dfrac{\pi}{4}-\theta\right) & R \\ +\sin\left(\dfrac{\pi}{4}+\theta\right) & -\cos\left(\dfrac{\pi}{4}+\theta\right) & R \\ +\sin\left(\dfrac{\pi}{4}-\theta\right) & +\cos\left(\dfrac{\pi}{4}-\theta\right) & R \\ -\sin\left(\dfrac{\pi}{4}+\theta\right) & +\cos\left(\dfrac{\pi}{4}+\theta\right) & R \end{bmatrix} \begin{bmatrix} V_x \\ V_y \\ \dot{\theta} \end{bmatrix}
$$

$$(4-1)$$

根据式(4-1),可以得到全向移动机构不转动前行和原地旋转的公式。

1)平移时的轮子速度分析

机器人只做平移运动,意味着机器人自身不旋转,满足以下条件:

$$
\begin{cases} \theta = 0 \\ \dot{\theta} = 0 \end{cases}
$$

$$(4-2)$$

即旋转角度为 0 的同时,旋转速度也为 0,代入式(4-1),有

$$
\begin{bmatrix} V_1 \\ V_2 \\ V_3 \\ V_4 \end{bmatrix} = \begin{bmatrix} -\sin\left(\dfrac{\pi}{4}\right) & -\cos\left(\dfrac{\pi}{4}\right) & R \\ +\sin\left(\dfrac{\pi}{4}\right) & -\cos\left(\dfrac{\pi}{4}\right) & R \\ +\sin\left(\dfrac{\pi}{4}\right) & +\cos\left(\dfrac{\pi}{4}\right) & R \\ -\sin\left(\dfrac{\pi}{4}\right) & +\cos\left(\dfrac{\pi}{4}\right) & R \end{bmatrix} \begin{bmatrix} V_x \\ V_y \\ 0 \end{bmatrix}
$$

$$(4-3)$$

$$
\begin{cases} V_1 = -V_x \sin\dfrac{\pi}{4} - V_y \cos\dfrac{\pi}{4} \\[2mm] V_2 = +V_x \sin\dfrac{\pi}{4} - V_y \cos\dfrac{\pi}{4} \\[2mm] V_3 = +V_x \sin\dfrac{\pi}{4} + V_y \cos\dfrac{\pi}{4} \\[2mm] V_4 = -V_x \sin\dfrac{\pi}{4} + V_y \cos\dfrac{\pi}{4} \end{cases}
$$

$$(4-4)$$

进而可以得到机器人在全局坐标系中的 X 轴和 Y 轴上平动的公式:

在 X 轴上平动($V_y = 0$)

$$\begin{cases} V_1 = -\dfrac{\sqrt{2}}{2} V_x \\[2mm] V_2 = +\dfrac{\sqrt{2}}{2} V_x \\[2mm] V_3 = +\dfrac{\sqrt{2}}{2} V_x \\[2mm] V_4 = -\dfrac{\sqrt{2}}{2} V_x \end{cases}$$

(4 − 5)

在 Y 轴上平动($V_x = 0$)

$$\begin{cases} V_1 = -\dfrac{\sqrt{2}}{2} V_y \\[2mm] V_2 = -\dfrac{\sqrt{2}}{2} V_y \\[2mm] V_3 = +\dfrac{\sqrt{2}}{2} V_y \\[2mm] V_4 = +\dfrac{\sqrt{2}}{2} V_y \end{cases}$$

(4 − 6)

2)自转时的轮子速度分析

机器人只做自转运动,意味着其的合速度为 0,满足以下条件:

$$\begin{cases} V_x = 0 \\ V_y = 0 \end{cases}$$

(4 − 7)

代入公式(4 − 1),有

$$\begin{bmatrix} V_1 \\ V_2 \\ V_3 \\ V_4 \end{bmatrix} = \begin{bmatrix} -\sin\left(\dfrac{\pi}{4} - \theta\right) & -\cos\left(\dfrac{\pi}{4} - \theta\right) & R \\[2mm] +\sin\left(\dfrac{\pi}{4} + \theta\right) & -\cos\left(\dfrac{\pi}{4} + \theta\right) & R \\[2mm] +\sin\left(\dfrac{\pi}{4} - \theta\right) & +\cos\left(\dfrac{\pi}{4} - \theta\right) & R \\[2mm] -\sin\left(\dfrac{\pi}{4} + \theta\right) & +\cos\left(\dfrac{\pi}{4} + \theta\right) & R \end{bmatrix} \begin{bmatrix} 0 \\ 0 \\ \dot{\theta} \end{bmatrix}$$

(4 − 8)

$$\begin{cases} V_1 = R\dot{\theta} \\ V_2 = R\dot{\theta} \\ V_3 = R\dot{\theta} \\ V_4 = R\dot{\theta} \end{cases}$$

(4 − 9)

对于其他方向的平动或其他运动情况读者可自行分析。

3．多边形绘制算法

正六边形和其他正多边形有一个相同的特点——每个顶角角度相同，并且所有的多边形外角 $\theta = 360°/n$（n 为边数），如图 4-21 所示，这样两条相邻边的角度是相同的，所以在这里我们采用了一种算法。该算法的思路是：先以多边形的一个顶点 A 创建直角坐标系，然后确定相邻一条边上另一个顶点 B 的坐标，利用插补

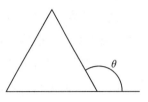

图 4-21　多边形外角

法完成一条边的绘制；然后再以顶点 B 为原点创建一个直角坐标系，继续绘制下一条边；重复上面的流程，完成多边形绘制。通过这种方法，我们只需要知道多边形的边长和边数就可以完成任意正多边形的绘制。

多边形顶点计算公式：

$$x = \cos\frac{2\pi n}{m} \times L \tag{4-10}$$

$$y = \sin\frac{2\pi n}{m} \times L \tag{4-11}$$

其中，n 为循环中绘制的边数，取值为 $0 \sim (m-1)$；m 为总边数；L 为边长。

注：坐标系原点为上一笔的终点，坐标系方向不变。

例 4.3　编程实现用图 4-22 所示四驱全向底盘绘图机器人画正六边形。

（1）首先在图 4-18 所示的四驱全向底盘机构的基础上，添加控制板及其他器材。

其他器材：BASRA 控制板×1，BigFish2.1 扩展板×1，SH-ST 扩展板×1，连接线若干。

（2）电路连接如图 4-23 和图 4-24 所示。舵机接 BigFish 扩展板 D11 针脚。

图 4-22　四驱全向底盘绘图机器人

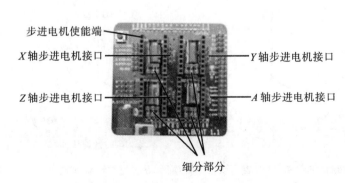

图 4-23　步进电机与扩展板的连接

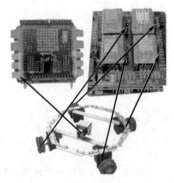

图 4-24　步进电机、舵机的连接

（3）将电池用电源线与板子连接，并关闭开关。注意：不用时开关要关闭，另外注意电池要插在步进电机扩展板上，不要插到 BASRA 上，容易烧坏。完成安装和连接后，得到如图 4-22 所示四驱全向底盘绘图机器人。

四驱全向底盘
画正六边形例程

（4）编写程序，实现四驱全向底盘绘图机器人绘制正六边形。绘制边长为 10 cm 的正六边形，例程见二维码，看懂之后可以尝试修改参数，完成其他正多边形的绘制。

4.2.3 三轮全向底盘机构的设计

三轮全向底盘具备结构简单、运动灵活等特点。三轮全向底盘采用全向福来轮作为执行轮，如图 4-25 和图 4-26 所示，三轮成正三角形分布。

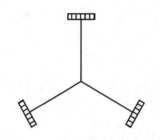

图 4-25 三轮全向福来轮底盘简图

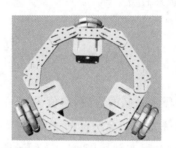

图 4-26 三轮福来轮全向底盘

拓展项目 1 尝试组装如图 4-26 所示的三轮全向底盘机构。

主要器材：BASRA 控制板×1，BigFish2.1 扩展板×1，步进电机×3，SH-ST 扩展板×1，福来轮×3，标准舵机×1，钣金件若干，连接线若干。

4.2.4 三轮全向底盘机构的运动控制

全向福来轮底盘的一个特点是可以灵活地全向移动，全向轮的全向移动需要三个轮之间的相互配合，具体运动方向和各个轮的转向如图 4-27 所示，轮子分布如图 4-28 所示。

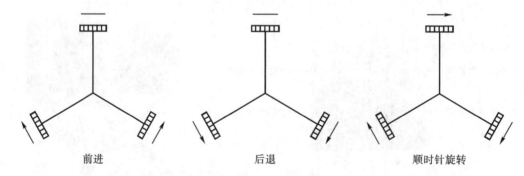

前进　　　　　　　后退　　　　　　　顺时针旋转

图 4-27 三轮全向福来轮底盘运动简图（横线表示该轮不转，箭头方向为轮转动方向）

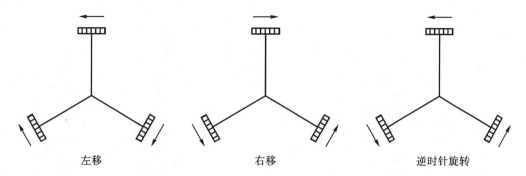

左移　　　　　　右移　　　　　　逆时针旋转

续图 4 - 27　三轮全向福来轮底盘运动简图(横线表示该轮不转,箭头方向为轮转动方向)

三轮全向运动包含两个方面的运动。

平动:位置之间的相对移动,反映的是前后位置的不同与轮速之间的关系。

转动:围绕机器人轮子几何中心的转动,反映的是前后姿态的不同与轮速之间的关系。

在分析全向移动机器人的运动时,需要在平面内设置 3 个坐标值来确定其方位:其中 2 个坐标值用于确定机器人的位置(X,Y),另外一个坐标值用于确定机器人的方向(θ)。所以,在表示全向运动机器人的运动速度时,一般采用三个分量,分别是 X 轴上的速度、Y 轴上的速度和机器人的旋转角速度。机器人速度与轮子速度的关系见图 4 - 29。

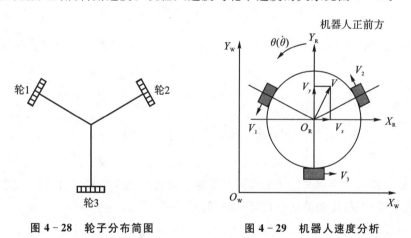

图 4 - 28　轮子分布简图　　　**图 4 - 29　机器人速度分析**

在分析三轮全向运动之前,先进行如下假设:全局坐标系为$X_\mathrm{w}O_\mathrm{w}Y_\mathrm{w}$,机器人自身坐标系为$X_\mathrm{R}O_\mathrm{R}Y_\mathrm{R}$,机器人的合速度为$(V_x,V_y,\dot{\theta})$,$V_x$ 和 V_y 分别是在全局坐标系中 X 轴和 Y 轴上的分速度,θ 为转动角度,$\dot{\theta}$ 是对应的角速度,逆时针为正,机器人的各个轮子按照 120° 间隔平均分布,并且半径都是 R,轴Y_R 与机器人轮 3 的转动轴线一致,并与轴Y_w 在初始时平行,3 个轮子的速度分别为 V_1、V_2、V_3。

下面以图 4 - 28 中的轮 1 为例,分析三轮全向运动中各个轮子速度与合速度之间的关系,如图 4 - 30 所示。

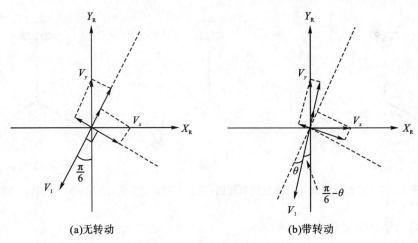

(a)无转动   (b)带转动

图 4 - 30 轮子速度 V_1 的分析

如果在移动过程中,机器人不做旋转运动,即在方向不变的情况下,由图 4 - 30(a)所示的速度分析可以得到:

$$V_1 = -V_x \sin\left(\frac{\pi}{6}\right) - V_y \cos\left(\frac{\pi}{6}\right)\quad(4-12)$$

如果在移动过程中,机器人同时做旋转运动,由图 4 - 30(b)所示的分析可以得到

$$V_1 = -V_x \sin\left(\frac{\pi}{6} - \theta\right) - V_y \cos\left(\frac{\pi}{6} - \theta\right)\quad(4-13)$$

以同样的方式分析轮 2 和轮 3,可以得到三轮全向运动中机器人合速度与轮子速度之间的关系

$$\begin{bmatrix} V_1 \\ V_2 \\ V_3 \end{bmatrix} = \begin{bmatrix} -\sin\left(\dfrac{\pi}{6} - \theta\right) & -\cos\left(\dfrac{\pi}{6} - \theta\right) & R \\ -\sin\left(\dfrac{\pi}{6} + \theta\right) & \cos\left(\dfrac{\pi}{6} - \theta\right) & R \\ \cos\theta & \sin\theta & R \end{bmatrix} \begin{bmatrix} V_x \\ V_y \\ \dot{\theta} \end{bmatrix}\quad(4-14)$$

公式(4 - 14)是三轮全向运动机构同时平移和转动的速度公式。根据此公式,可以得到更为简单的平移(不带转动的前行)和原地旋转的公式。

1)平移时的轮子速度分析

机器人只做平移运动,意味着机器人自身不旋转,满足以下条件:

$$\begin{cases} \theta = 0 \\ \dot{\theta} = 0 \end{cases}\quad(4-15)$$

即旋转角度为 0 的同时,旋转速度也为 0,代入公式(4 - 14),有

$$\begin{bmatrix} V_1 \\ V_2 \\ V_3 \end{bmatrix} = \begin{bmatrix} -\sin\dfrac{\pi}{6} & -\cos\dfrac{\pi}{6} & R \\ -\sin\dfrac{\pi}{6} & \cos\dfrac{\pi}{6} & R \\ 1 & 0 & R \end{bmatrix} \begin{bmatrix} V_x \\ V_y \\ 0 \end{bmatrix}\quad(4-16)$$

$$\begin{cases} V_1 = -V_x \sin\dfrac{\pi}{6} - V_y \cos\dfrac{\pi}{6} \\[2mm] V_2 = -V_x \sin\dfrac{\pi}{6} + V_y \cos\dfrac{\pi}{6} \\[2mm] V_3 = V_x \end{cases} \tag{4-17}$$

进而可以得到机器人在全局坐标系中 X 轴和 Y 轴上平动的公式

在 X 轴上平动（$V_y = 0$）
$$\begin{cases} V_1 = -\dfrac{1}{2} V_x \\[2mm] V_2 = -\dfrac{1}{2} V_x \\[2mm] V_3 = V_x \end{cases} \tag{4-18}$$

在 Y 轴上平动（$V_x = 0$）
$$\begin{cases} V_1 = -\dfrac{\sqrt{3}}{2} V_y \\[2mm] V_2 = \dfrac{\sqrt{3}}{2} V_y \\[2mm] V_3 = 0 \end{cases} \tag{4-19}$$

2）自转时的轮子速度分析

机器人只做自转运动，意味着机器人的合速度为 0，满足以下条件：

$$\begin{cases} V_x = 0 \\ V_y = 0 \end{cases} \tag{4-20}$$

代入公式（4-14），有

$$\begin{bmatrix} V_1 \\ V_2 \\ V_3 \end{bmatrix} = \begin{bmatrix} -\sin\left(\dfrac{\pi}{6}-\theta\right) & -\cos\left(\dfrac{\pi}{6}-\theta\right) & R \\[2mm] -\sin\left(\dfrac{\pi}{6}-\theta\right) & \cos\left(\dfrac{\pi}{6}-\theta\right) & R \\[2mm] \cos\theta & \sin\theta & R \end{bmatrix} \begin{bmatrix} 0 \\ 0 \\ \dot{\theta} \end{bmatrix} \tag{4-21}$$

$$\begin{cases} V_1 = R\dot{\theta} \\[2mm] V_2 = R\dot{\theta} \\[2mm] V_3 = R\dot{\theta} \end{cases} \tag{4-22}$$

对于其他方向的平动或其他运动情况读者可自行分析。

拓展项目 2　编程实现用三轮全向底盘绘制矩形。

读者可参考四轮全向底盘画多边形的方法来实现三轮全向底盘画矩形（给定参数，绘制任意长宽的矩形）。

第5章　仿生机器人设计及运动控制

5.1　仿生机器人概述

5.1.1　仿生机器人的发展历程

目前地球上存在的千万种生物,都是经过亿万年的适应、进化、发展而来,这使得生物体的某些部位巧夺天工,生物特性趋于完美,具有了最合理、最优化的结构特点、灵活的运动特性,以及良好的适应性和生存能力。自古以来,丰富多彩的自然界不断激发人类的探索欲望,一直是人类产生各种科学技术思想和发明创造灵感不可替代、取之不竭的宝库和源泉。道法自然,向自然界学习,采用仿生学原理,设计、研制新型的机器、设备、材料和完整的仿生系统,是近年来快速发展的研究领域之一。

仿生机器人,简单地说,就是研究人员从自然界的生物体中受到启发,通过仿生技术模仿这些生物的外部结构或者功能,制作出的兼具生物结构和功能特性的一类机器人。

仿生机器人大致可以分为模仿昆虫类、模仿陆地动物类、模仿海洋动物类及模仿飞行动物类。在结构方面,可以模仿生物的运动方式,比如腿部的运动、身体的蠕动、飞行结构等;功能上,可以模仿生物对外界环境的探测,比如雷达系统、触须感应等。

仿生机器人发展,到现在为止经历了三个阶段,正向第四个阶段发展。仿生机器人的发展历程如图5-1所示。

第一阶段是原始探索阶段,该阶段主要是生物原型的原始模仿,如原始的飞行器模拟鸟类翅膀的扑动,该阶段主要靠人力驱动。至20世纪中后期,由于计算机技术的出现及驱动装置的革新,仿生机器人发展进入到第二个阶段,宏观仿形与运动仿生阶段。该阶段主要是利用机电系统实现诸如行走、跳跃、飞行等生物功能,并实现了一定程度的人为控制。进入21世纪,随着人类对生物系统功能特征、形成机理认识的不断深入,以及计算机技术的发展,仿生机器人发展进入了第三个阶段,机电系统开始与生物性能进行部分融合,如传统结构与仿生材料的融合及仿生驱动的运用。当前,随着对生物机理认识的深入、智能控制技术的发展,仿生机器人正向第四个阶段发展,即结构与生物特性一体化的类生命系统,强调仿生机器人不仅具有生物的形态特征和运动方式,同时具备生物的自我感知、自我控制等性能特性,更接近生物原型。如随着人类对人脑及神经系统研究的深入,仿生脑和神经系统控制成为了该领域科学家关注的前沿方向。

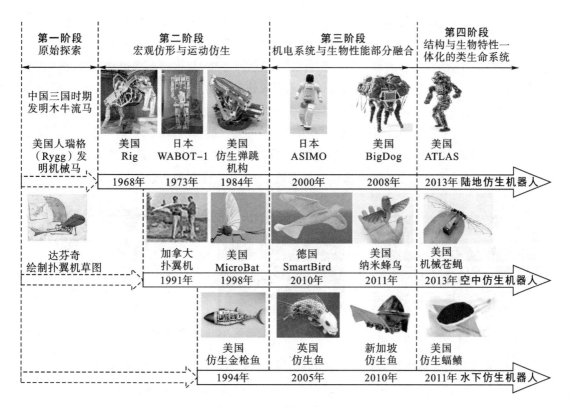

图 5 - 1　仿生机器人的发展历程

5.1.2　仿生机器人的应用

近些年来,一些原本只在科幻电影里才会出现的同时具有生物和机器人特点的仿生机器人,也逐渐在军事反恐、太空探索、医疗救助、抢险救灾、海洋勘测等不适合由人来承担任务的环境中凸显出良好的应用前景。

出于实际应用和科学探索的双重需求,世界许多顶尖的科研机构投入了大量的资金和人力来支持具有良好环境交互能力的仿生机器人的研发,并已经研制出了一大批性能卓越的陆地仿生机器人原型机,如美国波士顿动力公司研发的足式机器人系列。这些仿生机器人在外形和动作上已经与其模仿的动物原型非常接近。

BigDog 机器人由波士顿动力公司专门为美国军队研究设计的,如图 5 - 2 所示,它不仅可以爬山涉水,还可以承载较重负荷的货物,这种机器人的行进速度可达到 7 km/h,能够攀越 35°的斜坡,可携带质量超过 150 kg 的武器和其他物资,在交通不便的地区为士兵运送弹药、食物和其他物品。BigDog 机器人的内部安装有一台计算机,可根据环境的变化调整行进姿态。BigDog 既可以自行沿着预先设定的简单路线行进,也可以进行远程控制,由操作人员根据其安装的大量传感器实时地跟踪 BigDog 的位置并监测其系统状况,其动力来自一部带有液压系统的汽油发动机,BigDog 的四条腿完全模仿动物的四肢设计,内部安装有特制的减震装置,它不但能够行走和奔跑,而且还可跨越一定高度的障碍物。BigDog 机器人被称为"当前世界上最先进的适应崎岖地形的机器人"。该公司 2013 年研制的"猎豹"机器人,如图 5-3 所示,能够冲刺,急转弯,并能突然急刹停止,与生物原型运动较接近。它的奔跑速度最高可达到 46 km/h,是目前运动速度最快的仿生多足移动机器人。波士顿动力公司的另一个作品 SpotMini 机器人,如图 5-4 所示,它的外形与狗相似,安装有气体传感器、热成像仪、麦克风等,可以代替工人进入危险的工厂、隧道,检查是否有气体泄漏、仪器故障等异常情况。它还能自我导航,自动避开障碍物,摔倒后会自己调整姿势站起。只要设定好路线,它就能像敬业的警犬那样定期巡逻,为生产安全保驾护航。

图 5-2　BigDog 机器人　　　　图 5-3　"猎豹"机器人　　　　图 5-4　SpotMini 四足机器人

　　四足机器人与普通机器人最大的区别就是可以全地形行走,适合复杂地形(例如火灾、地震现场等)的巡逻,主要应用在安全巡逻、危险环境检查、搜索和救援等领域。

　　据统计,目前国内已有近 10 家科技创业公司进入四足机器人赛道,并在创新技术上均有所突破。牛年春晚舞台上(如图 5-5 所示),杭州宇树科技有限公司的 24 只四足机器人"牛犇犇"进行了集体舞展示,和"牛犇犇"同台的"拓荒牛",是由深圳市优必选科技股份有限公司研发的牛年限定版智能四足机器人,不仅拥有自主研发的高性能主控系统,还支持 3D 地图构建、自主定位导航。杭州云深处科技有限公司自主研发的"绝影"系列机器人,已具备快速跑跳、适应崎岖地形、抵抗外部扰动及自主导航等功能,并可执行安防巡逻、物流运输等任务,有望成为人们日常工作和生活中的得力助手。与此同时,一些互联网"大厂"也开始尝试研发高性能的四足机器人:2020 年 8 月,华为中央研究院曾公布一款采用了华为 AI 技术,用于智能识别、目标定位等场景的机器狗产品,引发关注;2021 年 3 月,腾讯正式发布首个软硬件全自研的多模态四足机器人——机器狗 Max,腾讯表示,Max 将有望在机器人巡逻、安保、救援等领域发挥作用。

图 5-5　牛年春晚舞台上的四足机器人舞蹈

或许在将来,国产机器狗装备上不同程序,就可以化身"家政小助手"、宠物狗、导盲犬、搜救犬、巡逻犬等智能伙伴,还可以代替人类进入更多未知地带进行探索工作。

21 世纪人类将进入老龄化社会,发展仿人机器人能弥补年轻劳动力的严重不足,解决老龄化社会的家庭服务、医疗、资源不足等社会问题。仿人机器人可以与人友好相处,能够很好地担任陪伴、照顾、护理老人和病人的角色,以及从事日常生活中的服务工作,因此家庭服务行业的仿人机器人应用必将形成新的产业和新的市场。

本田公司 2011 年开发的新型智能机器人"阿西莫"(ASIMO)如图 5 - 6 所示,全身高为1.3 m,体重为 48 kg,行走速度是 0~9 km/h,可以实时预测下一个动作并提前改变重心,因此可以行走自如,完成诸如"8"字形行走、下台阶、弯腰等各项"复杂"动作;此外,还能够以每小时 6 km 的速度奔跑,而且能在奔跑过程中自行改变方向;其综合了视觉和触觉的物体识别技术,可进行细致作业,如拿起瓶子拧开瓶盖,将瓶中液体注入柔软纸杯等,还能依据人类的声音、手势等指令,来完成相应动作;此外,还具备了基本的记忆与辨识能力。

2018 年美国波士顿动力公司研发了人形机器人"阿特拉斯"(ATLAS)最新版,如图 5 -7 所示,它已掌握了跑酷这项极限运动。"阿特拉斯"可以轻巧地跑步前进,连贯地跳过一段木材障碍物,在高低不同的三个箱体上左右脚交替完成"三连跳"。这三次跳跃步高约40 cm,中间没有停顿,展现了良好的身体协调性。

波士顿动力公司开发的另一款用于美军检验防护服性能的军用机器人"Petman",如图5 - 8 所示,它除了具有较高灵活度外,还能调控自身的体温、湿度和排汗量来模拟人类生理功能中的自我保护功能,一定程度上具有了人类的生理特性。

图 5 - 6　"阿西莫"(ASIMO)　　　图 5 - 7　"阿特拉斯"(ATLAS)　　　图 5 - 8　"Petman"机器人

我国在仿人形机器人方面做了大量研究,并取得了很多成果。2000 年国防科技大学研制成功我国第一台仿人型机器人——"先行者",如图 5 - 9 所示,实现了机器人技术的重大突破。"先行者"有人一样的身躯、头颅、眼睛、双臂和双足,有一定的语言功能,可以动态步行。北京理工大学于 2002 年研制的仿人机器人"BHR—1",如图 5 - 10 所示,突破了系统集成技术,实现了无外接电缆的行走,可在未知地面上稳定行走且能实现太极拳表演等复杂动作。清华大学从 2000 年开始研发仿人机器人,图 5 - 11 所示为其研发的第 2 代仿人机器人 THBIP—2,采用独特传动结构,成功实现了无缆连续稳定地平地行走、连续上下台阶行走,以及端水、打太极拳和点头等动作。

图 5-9 "先行者"机器人   图 5-10 BRH-1 机器人   图 5-11 THBIP-2 机器人

北京理工大学 2011 年研制成功的"汇童 5"仿人机器人,如图 5-12 所示,它具有视觉、语音对话、力觉、平衡觉等功能,突破了基于高速视觉的灵巧动作控制、全身协调自主反应等关键技术,可以进行乒乓球机器对打、人机对打,成为具有"高超"运动能力的机器人健将。此外,浙江大学也进行了仿人机器人的研制,通过轨迹预判的方法提高了机器人对复杂情况的处理能力,实现了机器人打乒乓球的运动。

图 5-12 "汇童 5"仿人机器人

在大学生科技竞赛中也有诸多赛项涉及到仿生机器人,例如,中国机器人大赛中的机器人舞蹈比赛、四足仿生类比赛、工程竞技类人形机器人竞技全能赛;中国机器人及人工智能大赛中的仿人机器人全能赛、人形机器人全自主挑战赛等。

机器人舞蹈赛项要求机器人为自主设计制作,在有限的场地和时间内,配合音乐完成动作,既要充分利用场地,又不能超时和越界。图 5-13 为参加舞蹈比赛的仿人形机器人,图 5-14 为参加多足机器人舞蹈比赛的仿蝎子机器人。

图 5-13 舞蹈比赛中的仿人形机器人   图 5-14 多足机器人舞蹈比赛中的仿蝎子机器人

人形机器人竞技全能赛由 1 个仿人竞速机器人和 1 个竞技体操机器人协同完成,如图 5－15 所示,竞技体操机器人完成指定动作后进入指定区域,竞速机器人沿赛道行进时要识别赛道中的二维码,通过蓝牙通信方式将二维码信息发送给体操机器人,体操机器人收到信息后,完成二维码编码对应的动作。

图 5－16 为四足仿生机器人快递运送赛的场景,四足仿生机器人为参赛队自制机器人,赛项要求四足仿生机器人通过减速带、台阶、窄桥、斜坡、草地等地形,并完成快递配送任务。此项目目的在于引导参赛队研究、设计有优秀硬件与软件系统的四足仿生机器人。

  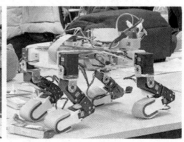

图 5－15　人形机器人竞技全能赛场景　　图 5－16　参加四足仿生机器人快递运送赛的自制机器人

仿生机器人是机器人领域中一个新兴的研究分支,是当前国内外学者研究的热点。相较于其他机器人,仿生机器人无论是自身结构还是控制过程都相对复杂,但由于其具备较强的灵活性和优异的适应性,故可承担复杂、危险和某些特定的任务。尤其是近些年,随着仿生技术的高速发展,仿生学在机器人领域的应用愈发广泛,这使得仿生机器人愈发智能化,也促使其从定点作业走向难度更大的航空航天、军事侦察、资源勘探、水下探测、疾病检查及抢险救灾等应用领域。毋庸置疑,仿生机器人未来必将在国计民生中发挥不可替代的作用。

5.2　串联关节型仿生机器人的设计及运动控制

5.2.1　串联关节型仿生机器人机构设计案例

串联关节型仿生机器人是由多个串联腿组合而成的,串联腿是由多个关节串联而成。图 5－17 为一个二自由度串联腿结构,它由舵机 1 和舵机 2 驱动,其中舵机 1 实现腿部前后摆动,舵机 2 实现腿部的上下抬伸。其中抬伸通过一个平行四连杆 ABCD 作为传动结构,以增加腿部的行程和增强腿部运动的稳定性。

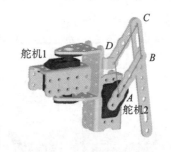

图 5－17　二自由度串联腿结构

常见的仿生机器人有仿生四足机器人、仿生六足机器人,其腿部布局如表 5－1 所示。

表 5-1　常见多足仿生机器人腿部布局

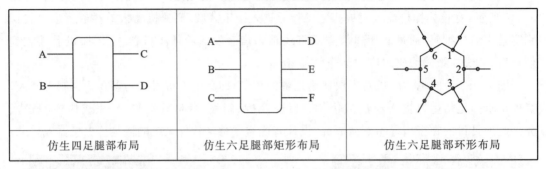

仿生四足腿部布局	仿生六足腿部矩形布局	仿生六足腿部环形布局

基于二自由度串联腿结构构建的仿生四足机器人如图 5-18 所示,构建的仿生六足机器人如图 5-19 所示。

图 5-18　八自由度仿生四足机器人

图 5-19　十二自由度仿生六足机器人

例 5.1　二自由度串联腿的组装。

(1)主要器材:舵机×2,电动机支架×2,舵机双折弯×1,输出支架×2,机械手 40 mm×2,机械手 40 mm 驱动×2,双足支杆×2,电动机输出头×2,电动机后盖输出头×2,螺丝钉、螺母若干。

二自由度串联腿
模块组装步骤

(2)组装参考步骤如表 5-2 所示,也可扫描二维码查看。

表 5-2　二自由度串联腿模块组装参考步骤

第一步:选择一个舵机、电动机输出头和电动机支架完成如图所示安装,并用合适的螺丝螺母装配。	第二步:将舵机双折弯进行如图所示安装,并用合适的螺丝螺母固定到电动机输出头上。
	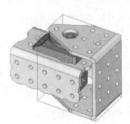

第三步:将电动机后盖输出头进行如图所示安装,并用螺丝螺母固定。 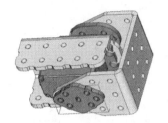	第四步:重复第一步,并且将电动机支架通过螺丝螺母与舵机双折弯进行如图所示装配。 
第五步:找到两个输出支架,通过螺丝螺母进行如图所示固定。 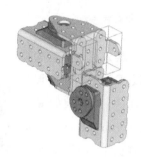	第六步:找到 1 个机械手 40 mm、1 个机械手 40 mm 驱动和一个双足支杆进行通过如图所示装配,注意 A、B、C 点的轴套安装。 
第七步:重复第六步,在对称位置组装,完成二自由度腿模块的组装。	

例 5.2　八自由度仿生四足机器人的组装。

八自由度仿生四足机器人如图 5-18 所示,由四个二自由度串联腿组成,中间由舵机双折弯和螺柱固定连接。

例 5.3　参考二自由度串联腿模块组装步骤,完成图 5-19 仿生六足机器人的组装。

提示:(1)十二自由度串联仿生六足机器人由六个二自由度串联腿组成,中间由舵机双折弯和螺柱结合固定。

(2)在组装时,先把六个二自由度串联腿组装好,然后用 10 mm 滑轨连接两个二自由度串联腿,做好三组,再用舵机双折弯和螺柱将三组连接起来。

5.2.2　串联关节型仿生机器人的运动控制及例程

1. 八自由度四足仿生机器人的运动步态

八自由度四足仿生机器人的前进步态,是将机器人四足分成两组(身体一侧的前足与另一侧的后足为一组)分别进行摆动和支撑,即处于对角线上的两条腿的动作一样,均处于摆动相或均处于支撑相,如图 5-20 所示。

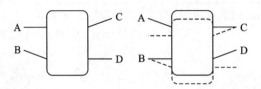

图 5 - 20　八自由度四足仿生机器人的前进步态

转向时对角线上的腿部摆动方向跟前进步态时不一样,图 5 - 21 所示为一个左转的步态。

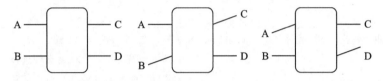

图 5 - 21　八自由度四足仿生机器人的左转步态

例 5.4　实现对图 5 - 18 所示的八自由度四足仿生机器人前进步态的控制。

主要器材:八自由度四足仿生机器人,BigFish 扩展板,BASRA 控制板。

八自由度四足仿生机器人前进步态例程

把八自由度四足仿生机器人的 8 个舵机分别与 BigFish 扩展板的 D3、D4,D7、D8,D11、D12,A2、A3 这 8 个位置连接。注意:一条腿上的两个舵机不要分开连接。将 BigFish 扩展板叠加到 BASRA 控制板上,将例程下载到控制板上,调整其中舵机转动角度、运行延迟等参数,观察前进步态。

八自由度四足仿生机器人前进步态例程可扫描二维码下载。

2. 十二自由度六足仿生机器人的运动步态

十二自由度六足仿生机器人三角步态是将机器人六足分成两组(身体一侧的前足、后足与另一侧的中足为一组)分别进行摆动和支撑,即处于三角形顶点上的三条腿的动作一样,均处于摆动相或均处于支撑相,如图 5 - 22 所示。

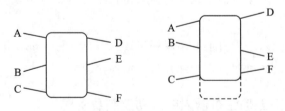

图 5 - 22　十二自由度六足仿生机器人三角步态

六足机器人的波动步态是机器人两侧每条腿依次运动,即先左(右)侧一条腿迈步,再右(左)侧腿迈步,再左(右)侧下一条腿运动,如此循环完成波动步态,如图 5 - 23 所示。

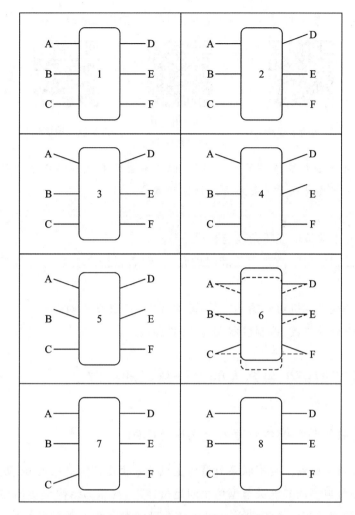

图 5 - 23 六足机器人的波动步态

例 5.5 实现对图 5 - 19 所示的十二自由度六足仿生机器人三角步态的控制。

主要器材:十二自由度六足仿生机器人,BASRA 控制板,BigFish 扩展板,SH - SR 扩展板。

将十二自由度六足仿生机器人的 12 个舵机分别与 SH - SR 舵机扩展板的接口 1、3、4、5、6、8、11、13、15、21、24、26 连接。注意:舵机连接线的黑线与 GND 端口相连。

使用 SH - SR 舵机扩展板调试舵机,上位机用 Controller 软件,此上位机软件与下位机 BASRA 控制板通过串口进行通信,将 Arduino/servo/servo. ino 下位机程序烧录到 BAS-RA 控制板中。servo. ino 程序可扫描二维码下载。Controller 软件使用说明可扫描二维码查看。双击打开 Controller 软件,将波特率与串口设置好,同时留下 1、3、4、5、6、8、11、13、15、21、24、26 这几个舵机串口。将各个舵机的角度调试好后获得舵机调试的数组,将该数组直接复制到例程中使用。

十二自由度六足仿生机器人三角步态控制例程可扫描二维码下载。

servo.ino 程序

Controller 软
件使用说明

三角步态控制例程

注意:上面虽然给大家提供了一个例程,但并不意味着直接将程序烧录成功后机器人即可正常运行,还需要对一些参数或者结构进行调整。

调试提示:

(1)安装时每个关节的舵机角度与程序一致;

(2)程序里面初始角度调整为安装时的角度,然后根据之前运动的角度差调整其他动作的角度;

(3)注意每条腿上舵机对应的端口号,运动需要与三角步态对应;

(4)可以调整延迟参数,控制机器人运动的快慢。

5.3 并联关节型仿生机器人的设计及运动控制

5.3.1 并联关节型仿生机器人机构设计案例

并联关节型仿生机器人与串联关节型仿生机器人相比结构更稳定、运动更灵活。

机器狗是一种典型的并联关节型仿生四足机器人,其腿部结构模仿四足哺乳动物的腿部结构,主要由腿部的节段和旋转关节组成。在设计机器狗的腿部结构时,可基于四足哺乳动物的生理结构,使用连杆代替腿部的骨骼来提高机器人的性能,如图 5-24 所示。机器狗腿部采用五杆结构设计,五杆结构如图 5-25 所示。五杆结构是平面连杆结构的一种,具有两个自由度的平面闭链,不仅使运动机构的刚度增加,更突出的优点在于它能够实现变轨迹的运动。

图 5-24 机器狗腿部

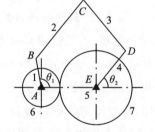

图 5-25 五杆结构

1. 腿部旋转关节单元设计

腿部的旋转关节是机器人中很重要的一部分,它是整个机器人中的关键运动单元,关节的设计往往决定了机器人的运动特性和精度。关节单元主要负责连接相邻的两段节段,从而实现腿部的摆动。由于腿部是做往复运动,因此关节单元的设计要符合循环负载的载荷规律。旋转关节结构如图 5 - 26 所示。

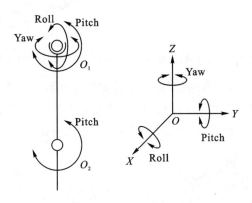

图 5 - 26　旋转关节结构图

图中 O_1 为髋关节,有 3 个自由度,分别是 Yaw、Roll 和 Pitch;O_2 为膝关节,只有 1 个自由度 Pitch。在笛卡儿坐标系中,设 X 轴方向为机器人前进方向,则绕 X 轴旋转为 Roll,绕 Y 轴旋转为 Pitch,绕 Z 轴旋转为 Yaw。

2. 侧摆关节设计

侧摆关节的主要作用是给机器狗提供回转方向的自由度,使机器狗的腿部能够偏离竖直平面运动,从而实现转弯、侧移、抗侧向冲击等步态。机器人的侧摆关节的传动方式也有多种方案可以进行选择,如图 5 - 27 所示。基于图 5 - 27(a)传动方案 1 设计的狗腿结构如图 5 - 28 所示。基于图 5 - 27(c)传动方案 3 设计的狗腿结构如图 5 - 29 所示。

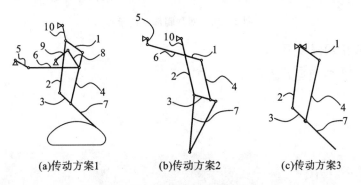

(a)传动方案1　　　(b)传动方案2　　　(c)传动方案3

图 5 - 27　侧摆关节的传动方式

 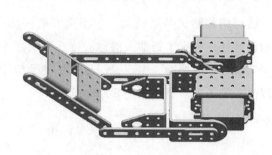

图 5 – 28　基于传动方案 1 设计的狗腿结构　　**图 5 – 29　基于传动方案 3 设计的狗腿结构**

机器狗的腿部关节大体分为两类,第一类是如四足哺乳动物前腿的肘关节一样的腿部关节设计,另一类是类似四足哺乳动物后腿的膝关节的腿部关节设计。基于以上原理,有四类机器狗的腿部结构:内膝肘式、全肘式、全膝式、外膝肘式,如图 5 – 30 所示。

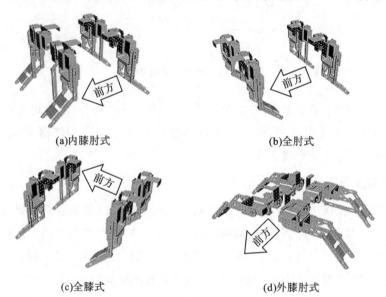

(a)内膝肘式　　　　　　　　　　　　(b)全肘式

(c)全膝式　　　　　　　　　　　　(d)外膝肘式

图 5 – 30　四种腿部结构形式

3. 腿部的空间运动区域

机器狗腿部的空间运动区域如图 5 – 31 所示。

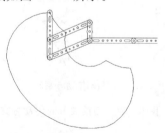

图 5 – 31　腿部空间运动区域

4 种腿部结构的运动空间如图 5 - 32 所示。

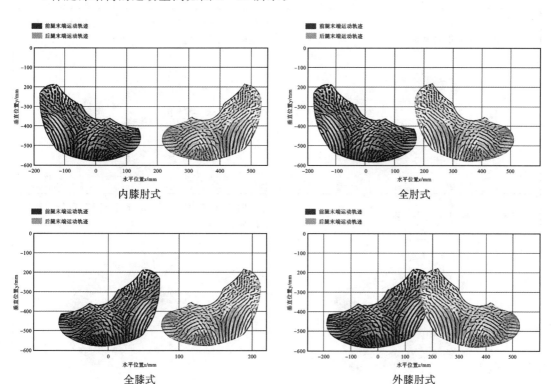

图 5 - 32　4 种腿部结构的运动空间

内膝肘式结构条件下,运动中的机器狗内部结构质心曲线最为平滑,因此该结构也是最稳定的,为两侧提供的运动空间也更大。此外,运动时机器狗腿部重合的范围也缩小了。基于以上因素,内膝肘式结构条件有利于机器人的稳定操作。

例 5.6　二自由度并联腿模块的组装。

主要器件:270°伺服电机×2,大舵机支架×2,双足支杆×4,U 形支架×1,机械手 40 mm驱动×1,球头万向节×2,螺纹传动轴 100 mm×1,大舵机输出头×2,大舵机后盖输出头×1,螺钉、螺母、螺柱若干。

组装参考步骤如表 5 - 3 所示,也可扫描二维码查看。

二自由度并联腿
模块组装步骤

表 5 - 3   二自由度并联腿模块的组装步骤

第一步:找到 1 个大舵机支架、2 个 10 mm 螺柱,并用合适的 6 mm 螺钉装配。	第二步:选择合适的螺钉、螺母,将 270°伺服电机如图所示固定到大舵机支架上。
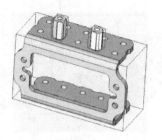	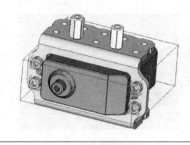
第三步:将大舵机输出头如图所示安装。	第四步:将机械手 40 mm 通过螺钉、螺母进行如图所示组装。
	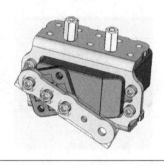
第五步:另外再找 1 个大舵机支架、2 个 10 mm 螺柱,并用合适的 6 mm 螺钉装配。	第六步:选择合适的螺钉、螺母,将 270°伺服电机如图所示固定到大舵机支架上。
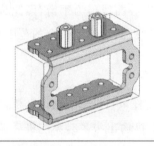	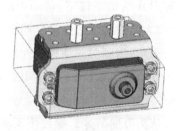
第七步:将大舵机输出头如图所示安装,用 6 mm 螺钉固定。	第八步:将大舵机后盖输出头进行如图所示安装。
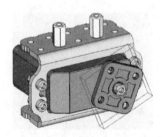	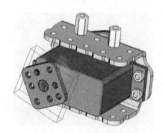

第九步:将 U 形支架进行如图所示安装,并且通过螺钉、螺母固定。 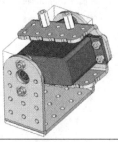	第十步:另一侧用螺钉、螺母固定。 
第十一步:将组装好的两个模块进行如图所示组装。 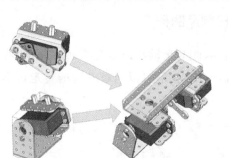	第十二步:找到两个 90°支架和两个机械手 40 mm 替代图中零件,参考下图进行组装。 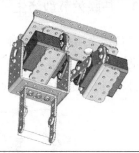
第十三步:在如图所示孔位安装一个 30 mm 螺柱。 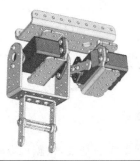	第十四步:找到两个双足支杆和 1 个 30 mm 螺柱进行如图所示组装。 
第十五步:找到 1 个螺柱 30 mm 和 1 个螺柱 15 mm 进行如图所示组装。 	第十六步:找到两个球头万向节和螺纹传动轴 100 mm 进行如图所示组装,完成腿模块组装。 

例5.7 并联仿生四足机器狗的组装。

可参照二自由度并联腿模块组装步骤组装一个如图5-33所示的仿生四足机器狗;也可组装一个如图5-34所示的仿生四足机器狗,组装参考步骤可扫描二维码查看。

并联仿生四足机器狗的组装步骤

图5-33 并联仿生四足机器狗1   图5-34 并联仿生四足机器狗2

5.3.2 并联关节型仿生机器人的运动控制及例程

在我们日常生活中狗的品种、体型不尽相同,因此其运动状态也是多种多样的,我们将以生活中最常见的一种运动状态进行分析。在研究中,我们可以通过对狗的行走过程进行高速摄影,捕捉狗行走的运动全过程,如图5-35所示。

图5-35 狗行走过程分解图

单条腿的动作效果及其运动范围是机器狗完成基本动作的基础,根据图5-35分析,我们可以将狗的腿部运动简单分为与地面接触的支撑阶段和离开地面的跨越阶段。将足部各阶段位置相连,可近似得到如图5-36虚线所示的"馒头"状轨迹,支撑段——足接触地面且相对于地面静止不动,身体相对于地面前移;跨越段——足在空中运动,跨越障碍物。

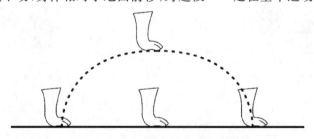

图5-36 单条腿末端的运动轨迹

1. 机器狗的行进步态

机器狗是四足行走机构,由于四足动物运动的稳定性,相对于双足行走的人来说,其运动步态比较简单。大多机器人简单地采用前后脚差90°或180°。

机器狗采用前后脚差180°时的脚部运动落地顺序图,如图5-37所示。注:浅色为要抬起的脚,深色为不抬起的脚。

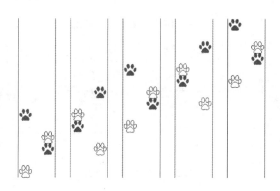

图 5-37　前后脚差 180°时的脚部落地顺序图

机器狗采用前后脚差90°时的脚部运动落地顺序图,如图5-38所示。注:浅色为要抬起的脚,深色为不抬起的脚。

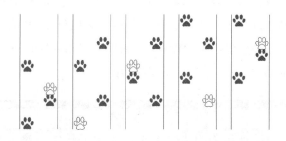

图 5-38　前后脚差 90°时的脚部落地顺序图

机器狗四条腿同时动作时,动作包括整体下蹲、整体站立、身体前后俯仰、身体侧翻等,效果图如图5-39、图5-40、图5-41所示。

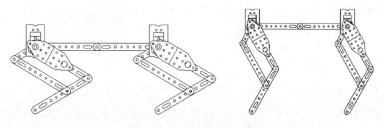

图 5-39　整体下蹲、站立

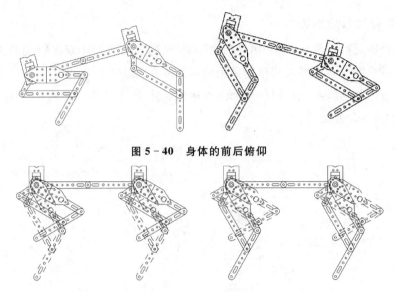

图 5 - 40　身体的前后俯仰

图 5 - 41　身体的侧翻

例 5.8　实现对并联仿生四足机器狗动作的控制。

主要器材:并联仿生四足机器狗,BigFish 扩展板,BASRA 控制板等。

把机器狗的 8 个舵机分别与 BigFish 扩展板的 D3、D4，D7、D8，D11、D12，A2、A3 这 8 个位置连接。注意:一条腿上的两个舵机不要分开连接。将 BigFish 扩展板叠加到 BASRA 控制板上,利用上位机 Controller 软件调整机器狗的舵机角度,调试界面如图 5 - 42 所示,记录站立、下蹲、前俯、后仰时舵机的角度;然后利用 Arduino IDE 进行下位机编程,采用这些角度,实现机器狗的站立、下蹲、前俯、后仰的功能。

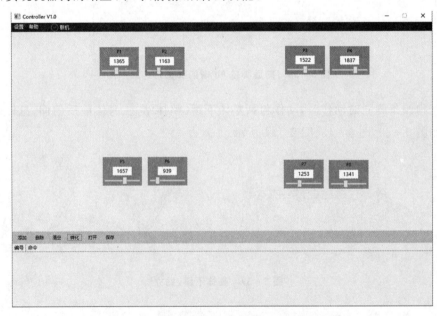

图 5 - 42　调机器狗舵机角度的上位机界面截图

对应机器狗的下蹲、站立、前俯、后仰四个动作,调试后舵机角度值如表 5-43 所示。

表 5-4   调试后舵机角度值

功能	舵机角度值
下蹲	1069,736,1855,2174,1746,1839,1007,850
站立	1365,1163,1522,1837,1657,939,1253,1341
前俯	1069,736,1855,2174,1657,939,1253,1341
后仰	1365,1163,1522,1780,1746,1839,1007,850

并联仿生四足机器狗动作控制例程可扫描二维码查看。烧录例程后,机器狗的下蹲、站立、前俯、后仰的动作控制结果如图 5-43 所示。

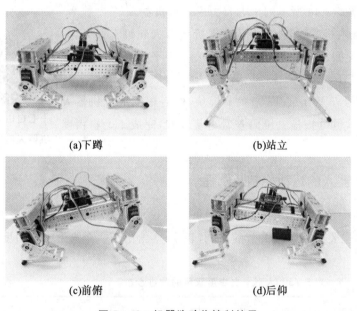

(a)下蹲   (b)站立

(c)前俯   (d)后仰

图 5-43   机器狗动作控制结果

并联仿生四足机器
狗动作控制例程

5.4 仿人形机器人的设计及运动控制

5.4.1   仿人形机器人机构设计案例

人形机器人是一种模仿人类外形和行为的机器人,尤其指具有和人类相似肢体的机器人种类。常见的包含完整四肢和头部运动的机器人,每条腿有 5 个自由度,每条手臂有 3 个自由度,头部有 1 个自由度,全部一共 17 个自由度,如图 5-44 所示。

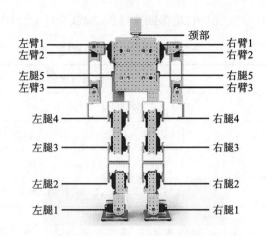

图 5 - 44　17 个自由度的人形机器人

例 5.9　组装一个图 5 - 44 所示的十七自由度人形机器人。

主要部件:270°伺服电机×10,小标准伺服电机×7,大舵机支架×10,U 形支架×10,电动机支架×7,舵机双折弯×6,7×11 平板×5,3×5 双折面板×6,螺钉、螺母若干。

参考关节模块的组装步骤组装 17 个关节模块,然后根据人形机器人结构将各模块连接起来,也可扫描二维码查看组装步骤,完成十七自由度人形机器人组装。

十七自由度人形
机器人组装步骤

5.4.2　仿人形机器人的运动控制及例程

人形机器人行走主要依靠腿部的运动,同时可以通过甩臂等动作调整平衡姿态,所以人形机器人的步态规划主要看腿部各关节的协调,表 5 - 5 给出了一个人形十自由度双足的前进步态。

表 5 - 5　人形十自由度双足的前进步态

这里为了方便分析,可将双足简化如下图所示,其中每条腿包含一个二自由度的髋关节,共两个自由度 A 和 B,A 左右摆动,B 为前后摆动;一个自由度的膝关节,一个自由度 C 为前后摆动;两个自由度的踝关节,具有两个自由度 D 和 E,其中 D 为前后摆动,E 为左右摆动。

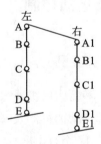

正面图:第一步通过左右倾斜让左腿脱离地面,注意保持上半身的水平。调整 A/A1,E/E1。	侧面图:第二步左腿抬起,右腿回到初始位置。调整 B、C、D。	侧面图:第三步右腿向前弯曲,使身体前倾,让左脚落地,为下一步右腿迈步做准备。
正面图:第四步通过左右倾斜让右腿脱离地面,注意保持上半身的水平。调整 A/A1,E/E1(注意这一步之前左脚落地后绷直)。	侧面图:第五步右腿抬起,左腿回到初始位置。调整 B1、C1、D1。	侧面图:第六步左腿向前弯曲,使身体前倾,让右脚落地,为下一步左腿迈步做准备。

例 5.10　编程实现对十七自由度人形机器人的行走步态的控制。

主要器材:十七自由度人形机器人×1,BASRA 控制板×1,BigFish2.1 扩展板×1,SH-ST 扩展板等。

各舵机编号如图 5-45 所示,各舵机与 SH-SR 扩展板连接的对应关系如表 5-6 所示。

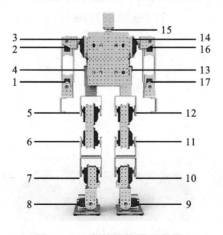

图 5-45　各舵机位置编号图

表5-6　各舵机与SH-SR扩展板的连接对应关系

舵机号	SH-SR扩展板接口	舵机号	SH-SR扩展板接口	舵机号	SH-SR扩展板接口
1	D1,GND,VCC	7	D9,GND,VCC	13	D24,GND,VCC
2	D2,GND,VCC	8	D18,GND,VCC	14	D25,GND,VCC
3	D3,GND,VCC	9	D19,GND,VCC	15	D26,GND,VCC
4	D4,GND,VCC	10	D20,GND,VCC	16	D27,GND,VCC
5	D7,GND,VCC	11	D21,GND,VCC	17	D5,GND,VCC
6	D8,GND,VCC	12	D23,GND,VCC		

　　利用上位机Controller软件调试各舵机,观察相应的舵机转动角度,获得舵机调试数组,将该数组复制到例程中使用。

　　十七自由度人形机器人行走步态的控制例程可扫描二维码下载。

　　注意:将程序中有关const PROGMEM int actionMove[]的部分改成用上位机调试好的角度。

　　提示:(1)程序烧写完后,分别给SH-SR扩展板和BASRA主控板上电,观察机器人动作。这里要注意,先给BASRA上电,再给SH-SR上电;断电时,先断SH-SR的供电,再断BASRA的供电。

　　(2)人形机器人行走调试并不只是通过程序去调整步态和舵机角度,还涉及重心的调整,重心可以通过编程调整,也可以通过调整结构实现。

十七自由度人形机器人
行走步态的控制例程

第6章　WiFi 无线定位技术

6.1　WiFi 无线定位技术的应用

随着人们工作与日常生活现代化水平的提高,无线定位技术水平与应用范围逐渐扩大,尤其是在定位查询、设备运行监控及其他方面的实时监测等领域发挥了巨大的作用,大幅度提高了工作与日常生活的自动化水平。

无线定位一般采用卫星定位和 WiFi 定位两种。其中,卫星定位技术适宜于室外定位,在室外大范围定位中得到了广泛应用。而对于室内定位,由于信号的严重衰减和多径效应,通用的室外定位设施并不能在建筑物内有效地工作。另外,定位准确性也是一个问题,卫星定位也许可以指出移动设备位于哪一个建筑物,但是室内场景下,人们希望得到更精确的室内位置,这需要更精密的地图信息和更高的定位精度。

我们可以在室内搭建一套完整的基础设施来定位,但是这样需要很大的代价,包括定位信号占用的频谱资源、用于感知定位信号的嵌入在移动设备中的额外硬件、安装在固定位置的用来发送定位信号的锚节点。因此,大家倾向于使用已有的被广泛部署的无线设备去实现室内定位。现有的室内定位方案对比如图 6-1 所示。

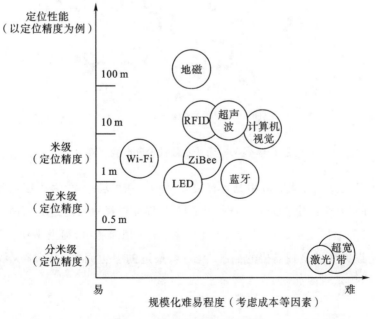

图 6-1　室内定位方案对比图

WiFi无线定位技术基于现有WiFi网络的基础,不需要安装定位设备即可直接进行定位,并具有应用范围广、使用成本低、定位精度高等优势,是提高室内定位精度、提升室内定位技术水平的有力措施,具有良好的发展前景。

通常,一个WiFi系统主要由工作站、基站、无线介质和传输系统等组成。

工作站(Station,STA):常见的工作站包括笔记本电脑、PDA和智能手机等,它们使用无线网络的目的很简单,即在没有网线布置的条件下使用有线网络的资源。

基站(Access Point,AP):基站又称为接入点,是具有无线至有线之间桥接功能的设备,其不仅具有工作站的功能,还具备工作站接入分布式系统的功能。除桥接外,还包括一些控制和管理的功能。

无线介质(Wireless Medium,WM):无线介质就是无线局域网物理层使用到的传输媒介。

传输系统(Transmission System,TS):若要准确定位移动设备的当前位置,基站之间必须协调通信,因此为了扩大无线网络的有效覆盖范围,就需要多个基站共同完成。基站间传送帧的骨干网络称为传输系统,它属于IEEE802.11的逻辑组件。

WiFi系统的接入点(AP)部署在室内一些便于安装的位置,系统或网络管理员通常知道这些AP的位置。能连接WiFi的移动设备(比如笔记本电脑、智能手机)相互之间可以直接或间接地(通过AP)通信,因此可以考虑在通信功能外同时实现定位功能。WiFi无线定位技术应用示意图如图6-2所示。

图6-2 WiFi无线定位技术应用示意图

WiFi无线定位技术可能的应用场景有很多,例如:在机场中,旅客可以用智能手机连接机场WiFi,通过旅客个性化服务客户端应用图形化界面选择检索附近的商铺、餐馆、计时酒店、值机柜台、自助值机设备、服务柜台、卫生间等;在大型商场中,利用WiFi,通过智能手机的定位,顾客可以方便地找到需要的品牌专卖店、最近的卫生间等。WiFi无线定位技术在大型商场中的应用示意图如图6-3所示。

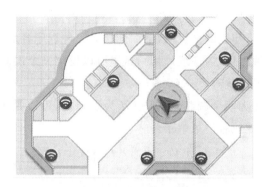

图 6 - 3　WiFi 无线定位技术在大型商场中的应用示意图

最后,给出一些 WiFi 无线定位技术在学生科创竞赛中的应用可能。例如:在涉及物联网的赛题中,WiFi 无线定位技术可以用于智慧家庭监控系统的设计,利用 WiFi 定位系统监控与用户关联的家人、宠物的活动轨迹,用户可以通过手机 App 或者 WEB 实时查看家人位置,接受老人或小孩发出的主动求助信息,并快速响应;WiFi 无线定位技术也可以用于智能设备资产管理系统的设计中,利用 WiFi 定位系统监控智能音箱、智能电视、智能冰箱等设备的位置和数目,在发生异常移动或缺失时及时提醒用户;在设计企业人员管理系统时,同样可以用到 WiFi 无线定位技术,通过该技术对电子工牌进行定位,可随时知道人员所在区域位置,当人员离开限定区域,或是进入未授权区域时提醒工作人员。

6.2　基于 RSSI 的三点定位算法

基于接收信号强度指示(Received Signal Strength Indication,RSSI)的三点定位算法,是已知三个点的坐标和未知点到这三个点的 RSSI 的信号值,求解未知点的坐标。

首先是将 RSSI 信号转换为距离:

$$d = 10^{[(|RSSI|-A)/(10n)]} \qquad (6-1)$$

其中,d 为距离,m;$RSSI$ 为 RSSI 信号强度,为负数;A 为距离探测设备 1 m 时的 RSSI 值的绝对值,最佳范围在 45~49 之间;n 为环境衰减因子,需要测试矫正,最佳范围在 3.25~4.5 之间。

在获取未知点到三个点的距离后,剩下的就是求解未知点的坐标。我们都知道两个圆会交于一个或者两个点,那么三个圆如果相交的话,必然会交于一个点(三个探测设备在一条直线上的情况下有可能相交于两个点,这里不考虑),所以我们要求解的未知点便是以三个已知点为圆心、以它们与未知点之间的距离为半径画出的三个圆的交点。那么这个问题就转化为了求三个半径已知圆的交点,然后,如果根据圆的方程:

$$(x_1 - x)^2 + (y_1 - y)^2 = r_1^2 \qquad (6-2)$$

$$(x_2 - x)^2 + (y_2 - y)^2 = r_2^2 \qquad (6-3)$$

$$(x_3 - x)^2 + (y_3 - y)^2 = r_3^2 \tag{6-4}$$

求解的话,是非常难求出未知点的坐标的,下面介绍另一种程序容易实现的计算方法。

判断任意两个圆是否相切(内切或外切),这里可以设定一个误差允许值 d,也就是:

$$(x_1 - x_2)^2 + (y_1 - y_2)^2 = (r_1 + r_2 + d)^2 \tag{6-5}$$

满足上述公式时就认为两个圆相切,其中 d 为误差值,可以是正数或者负数。如果两个圆相切的话,那么交点就比较好求解了:

$$x = x_1 + (x_2 - x_1)[r_1/(r_1 + r_2)] \tag{6-6}$$
$$y = y_1 + (y_2 - y_1)[r_1/(r_1 + r_2)] \tag{6-7}$$

求解到 x 和 y 的坐标后,只需要用第三个圆进行验证,即求出这个点到第三个圆的圆心的距离,再和第三个圆的半径做比较,如果在误差允许范围内,那么就可以认为求得的 (x,y) 是三个圆的交点,也就是未知点的坐标。

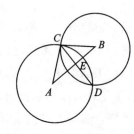

图 6-4 未知点辅助求解图

若没有任意两个圆相切,那么就先用两个圆求两个交点。未知点辅助求解如图 6-4 所示。图中 A,B 是两个圆心,坐标分别为 (x_A, y_A) 和 (x_B, y_B);C,D 是两个圆的交点,E 为 AB 与 CD 的交点。其中

$$AB^2 = (x_A - x_B)^2 + (y_A - y_B)^2 \tag{6-8}$$
$$AC^2 = AE^2 + CE^2 \tag{6-9}$$
$$BC^2 = BE^2 + CE^2 \tag{6-10}$$
$$AC = r_A \tag{6-11}$$
$$BC = r_B \tag{6-12}$$
$$AE + BE = AB \tag{6-13}$$

等式(6-10)转换为

$$BC^2 = (AB - AE)^2 + CE^2 \tag{6-14}$$
$$BC^2 = AB^2 + AE^2 - 2 \times AB \times AE + CE^2 \tag{6-15}$$

等式(6-15)减去等式(6-9)

$$BC^2 - AC^2 = AB^2 - 2 \times AB \times AE \tag{6-16}$$
$$AE = (r_B^2 - r_A^2 - AB^2)/(-2 \times AB) \tag{6-17}$$

于是可以根据以下公式求得 CE

$$CE^2 = AC^2 - AE^2 \tag{6-18}$$

我们还可以获取 E 点的坐标 (x_E, y_E)

$$x_E = x_A + [(x_B - x_A) \times AE]/AB \tag{6-19}$$
$$y_E = y_A + [(y_B - y_A) \times AE]/AB \tag{6-20}$$

然后求得 AB 和 CD 的斜率 k_{AB} 和 k_{CD}

$$k_{AB} = (y_B - y_A)/(x_B - x_A) \quad\quad (6-21)$$

$$k_{CD} = (-1)/k_{AB} \quad\quad (6-22)$$

然后求得 CD 和 x 轴的夹角

$$\angle CDX = a\tan k_{CD} \quad\quad (6-23)$$

这时候就可以求得 C 点(x_C,y_C)和 D 点(x_D,y_D)的坐标。

$$x_C = x_E + CE \times \cos\angle CDX \quad\quad (6-24)$$

$$y_C = y_E + CE \times \sin\angle CDX \quad\quad (6-25)$$

$$x_D = x_E - CE \times \cos\angle CDX \quad\quad (6-26)$$

$$y_D = y_E - CE \times \sin\angle CDX \quad\quad (6-27)$$

至此,我们就求得了两个圆的两个交点坐标,然后只需要用这两个点与第三个圆做验证,就可以获得三个圆的交点,也就是我们要求的未知点。

6.3　基于 ESP8266 模块的定位功能的实现

实验目的:掌握 WiFi 定位的原理和程序控制。

实验性质:设计型实验。

实验器材:ESP8266 模块×3,连接线,BASRA 控制板,BigFish 扩展板,miniUSB 数据线,OLED 模块。

实验步骤:

(1)参考 6.2 节,理解基于 RSSI 的三点定位算法。

(2)模块安装方式如图 6-5 所示。

(3)烧录以下程序,移动中心未知点模块位置 $M(x,y)$,观察 OLED 模块显示数值,中心未知点模块会显示相应的位置。

/* 将与主控板相连接的 WiFi 模块使用"esp8266 调试工具软件"设置为 Station 模式

将其余三个模块设置为 AP 模式,并记录其 NAME,存储在程序中 */

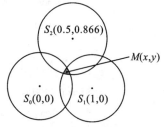

M—中心未知点模块;

S_0—ESP826601;

S_1—ESP826602;

S_2—ESP826603。

图 6-5　模块安装方式图

```
//#define DEBUG
#define ESP_AP_NUMBER 3
#include <SoftwareSerial.h>
#include <RssiPositionComputer.h>
#include <Wire.h>
#include <MultiLCD.h>
SoftwareSerial myESP(2,3);
RssiPositionComputer myPositionComputer;
```

```
Point2D master_point;
LCD_SSD1306 lcd;
char esp_ap_name[ESP_AP_NUMBER][10] = {"ESP826601","ESP826602","ESP826603"};
int  rssi[ESP_AP_NUMBER];
float distance[ESP_AP_NUMBER];

void setup()
{
    delay(1000);
    Serial.begin(115200);
    myESP.begin(9600);
    #ifdef DEBUG
        Serial.println("begin");
    #endif
    while(myESP.available()&&myESP.read());
    while(! myESP.available())
    {
        myESP.println("AT");
        delay(1000);
    }
    while(myESP.available()&&myESP.read());
    #ifdef DEBUG
        Serial.println("Resonse ok");
    #endif
    lcd.begin();
    lcd.clear();
    lcd.setCursor(30,4);
    lcd.print("Hello, world!");
}
void loop()
{
    int n = searchESPAP(esp_ap_name,rssi);
    for(int i=0;i<ESP_AP_NUMBER;i++)
    {
        distance[i] = rssiToDistance(rssi[i]);
```

```
            Serial.print(distance[i]);
            Serial.print('\t');
        }
        Serial.print(n);
        Serial.print('\t');
        if(myPositionComputer.distanceToPoint(distance[0],distance[1],
            distance[2],&master_point)==true)
        {
            Serial.print(master_point.x);
            Serial.print('\t');
            Serial.print(master_point.y);
            Serial.print('\t');
            Serial.println("position okok");
            lcd.clear();
            lcd.setCursor(30,2);
            lcd.printLong(master_point.x*100,FONT_SIZE_LARGE);   //按厘米输出
            lcd.setCursor(30,5);
            lcd.printLong(master_point.y*100,FONT_SIZE_LARGE);
        }
        else
        {
        lcd.clear();
        lcd.setCursor(30,4);
        lcd.print("position ERROR!");
            Serial.println("position ERROR");
        }
}
int nameToNumber(char in[],char name[][10])
{
for(int i=0;i<3;i++)
{
    for(int j=0;j<9;j++)
    {
        if(in[j] ! = name[i][j])
            break;
```

```
            if(j==8)
                return(i);
        }
    }
    return(-1);
}
byte searchESPAP(char name[][10], int rs[])
{
    byte search_result_number = 0;
    int state = 0;
    int n;
    int ap_n;
    char name_string[10];
    char rssi_string[4];
    while(myESP.available()&&myESP.read());
    myESP.println("AT+CWLAP");
    delay(100);
    while(myESP.available()&&myESP.read());
    unsigned long t = millis();
    while(! myESP.available())
    {
        if(millis()-t<3000)
            delay(5);
        else
            return(0);
    }
    #ifdef DEBUG
        Serial.println("received........");
    #endif
    t = millis();
    while(myESP.available()||(millis()-t<3000))
    {
        if(! myESP.available())
            continue;
        char in_char = myESP.read();
```

```
#ifdef DEBUG
    Serial.print(in_char);
#endif
if( (state == 0)&&(in_char=='(') )
{
   state = 1;
   n = -4;
}
else if(state == 1)
{
   n++;
   if(n>=0)
        name_string[n] = in_char;
   if(n == 8)
   {
        n = -3;
        ap_n = nameToNumber(name_string,name);
        if(ap_n ! = -1)
        {
            state = 2;
            #ifdef DEBUG
                Serial.print('\n');
                Serial.print("ap_n:");Serial.println(ap_n);
            #endif
        }
        else
        {
            state = 0;
        }
   }
}
else if(state==2)
{
   n++;
   if(n>=0)
```

```
                rssi_string[n] = in_char;
            if(n==2)
            {
                rs[ap_n] = atof(rssi_string);
                state = 0;
                search_result_number++;
                #ifdef DEBUG
                    Serial.print('\n');
                    Serial.print("rssi["+String(ap_n)+"]:");Serial.println(rs[ap_n]);
                #endif
            }
        }
    }
    return(search_result_number);
}
float rssiToDistance(int rssi)
{
    float dis = 0;
    dis = pow(10.0,((abs(rssi)-47)/10.0/2.212));
    return dis;
}
```

基于 ESP8266
模块定位功能
参考程序

参考程序可扫描二维码下载。

第7章 机器视觉技术

7.1 机器视觉技术的应用

本节将带着大家了解机器视觉技术的应用。机器视觉的研究始于20世纪50年代二维图像的模式识别。60年代,美国学者劳伦斯·罗伯茨(Lawrence Roberts)提出了多面体组成的积木世界概念,其中的预处理边缘检测、对象建模等技术至今仍在机器视觉领域中应用。70年代,大卫·马尔(David Marr)提出的视觉计算理论给机器视觉研究提供了一个统一的理论框架;同时,机器视觉形成了目标制导的图像处理、图像处理和分析的并行算法、视觉系统的知识库等几个重要分支。80年代以来,对机器视觉的研究形成了全球性热潮,处理器、图像处理等技术的飞速发展带动了机器视觉的蓬勃发展。新概念、新技术、新理论不断涌现,使得机器视觉技术日久弥新,一直是非常活跃的研究领域。机器视觉技术应用广泛,涵盖了工业、农业、医药、军事、交通和科学研究等许多领域。机器视觉技术概念图如图7-1所示。

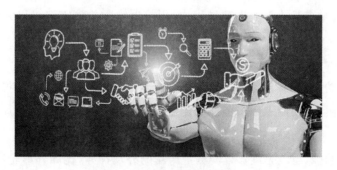

图7-1 机器视觉技术概念图

简单说来,机器视觉就是给机器人安装人的视觉模拟系统,用机器代替人眼来做测量和判断。机器视觉是一个光学成像、计算机软硬件技术、人工智能控制技术、图像处理技术和生物学等综合交叉的领域。

一个典型的机器视觉系统一般包括以下几个部分:完成图像获取的光源、镜头、摄像头和图像采集单元,完成图像处理的工控主机和图像处理软件,完成判决执行的电传单元和机械单元。

机器视觉系统通过机器视觉产品(即图像摄取装置)将被摄取目标转换成图像信号,传送给专用的图像处理系统,得到被摄目标的形态信息,根据像素分布和亮度、颜色等信息,将图像转变成数字化信号;图像系统对这些信号进行各种运算来提取目标的特征,进而根据判别的结果来控制现场的设备动作。

可将机器视觉系统看作是与环境相交互的大系统的一个子系统,机器视觉子系统反馈目标场景的信息,大系统的其他部分则用于做出决策和执行决策。设计一个通用的机器视觉系统是困难的,建立一个在可控环境下处理特殊任务的子系统才是努力的方向,这些子系统可以用于多用途的系统中。典型的机器视觉系统如图7-2所示。

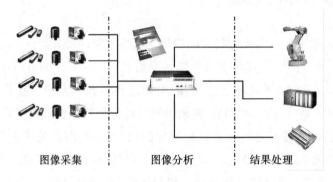

图像采集　　　　图像分析　　　　结果处理

图 7 - 2　典型的机器视觉系统

机器视觉系统最基本的特点就是提高生产的灵活性和自动化程度。在一些不适于人工作业的危险工作环境或者人工视觉难以满足要求的场合,常用机器视觉来替代人工视觉。同时,在大批量重复性工业生产过程中,用机器视觉检测方法可以大大提高生产的效率和自动化程度。

机器视觉系统主要具有三大应用功能:

第一是定位功能,能够自动判断感兴趣的物体、产品在什么位置,并将位置信息通过一定的通信协议输出,此功能多用于全自动装配和生产,如自动组装、自动焊接、自动包装、自动灌装、自动喷涂,多配合自动执行机构(机械手、焊枪、喷嘴等)。

第二是测量功能,也就是能够自动测量产品的外观尺寸,比如外形轮廓、孔径、高度、面积等。

第三是缺陷检测功能,这是视觉系统用得最多的一项功能,它可以检测产品表面的相关信息,如:包装是否正确,印刷有无错误,表面有无刮伤或颗粒、破损、油污、灰尘,塑料件有无穿孔、有无注塑不良等。

机器视觉可能的应用场景很多,例如:在包装行业中,机器视觉可用于污点检测、二维码读取和光学字符识别(Optical Character Recognition,OCR)等;在医疗行业,机器视觉用于医学图像分析、染色体分析、内窥镜检查和外科手术等;在交通行业中,机器视觉可以用作流动电子警察、十字路口电子警察,也可用于电子卡口和治安卡口等;在军事上,机器视觉用于武器制导、无人机和无人战车的驾驶等。工业生产中机器视觉的应用示意图如图7-3所示。

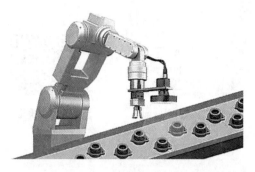

图 7-3　工业生产中机器视觉的应用示意图

最后,给出一些机器视觉技术在学生科创竞赛中的应用可能。例如:在关于智能家居的赛题中,可以设计一个针对老年人的家庭监控系统,利用机器视觉技术提取人体关键点信息,从而识别人体姿态,当老年人摔倒的时候迅速判别,向家人及医院发出求救信号;在关于机器人格斗的赛题中,识别对手是发起进攻的前提,所以需要利用机器视觉技术识别并锁定场上对手,基于此展开移动和进攻;在面向工程训练的赛题中,机器视觉技术可以用于物料搬运机器人的设计,通过机器视觉技术,使机器人拥有颜色识别、形状识别、二维码识别等功能,从而实现在物料提取区、加工区、成品区等比赛区域自动抓取、放置物料的要求。

7.2　颜色识别的实现

颜色识别算法的核心是 RGB 和 HSV 颜色模型。

数字图像处理通常采用 RGB(红、绿、蓝)和 HSV(色调、饱和度、亮度)两种颜色模型。RGB 虽然表示比较直观,但 R、G、B 数值和色彩三属性并没有直接关系,模型通道并不能很好地反映出物体具体的颜色信息,而 HSV 模型更符合我们描述和解释颜色的方式,使用 HSV 的颜色描述会更加直观。

7.2.1　RGB 模型和 HSV 模型的区别

1. RGB 模型

三维坐标 RGB 模型如图 7-4 所示。RGB:三原色红、绿、蓝(Red,Green,Blue)。原点到白色顶点的中轴线是灰度线,R、G、B 三分量相等。强度可以由三分量的向量表示。

图 7 - 4   RGB 模型

RGB 模型

2. HSV 模型

倒锥形 HSV 模型如图 7-5 所示。HSV 模型是按色调、饱和度、亮度来描述的。H 是色调;S 是饱和度,$S=0$ 时,只有灰度;V 是亮度,表示色彩的明亮程度,但与光强无直接联系。

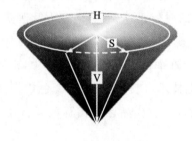

图 7 - 5   HSV 模型

HSV 模型

7.2.2 RGB 模型和 HSV 模型的联系

直观理解,可把 RGB 三维坐标的中轴线立起来,并扁平化,就能形成 HSV 的锥形模型了。但 V 与强度无直接关系,因为它只选取了 RGB 的一个最大分量;而 RGB 则能反映光照强度(或灰度)的变化。

由 RGB 模型到 HSV 模型的转换如下:

$$V = \max(R,G,B) \tag{7-1}$$

$$S \leftarrow \begin{cases} \dfrac{V-\min(R,G,B)}{V}, & V \neq 0 \\ 0, & V = 0 \end{cases} \tag{7-2}$$

$$H \leftarrow \begin{cases} 60(G-B)/(V-\min(R,G,B)) & , V = R \\ 120 + 60(B-R)/(V-\min(R,G,B)) & , V = G \\ 240 + 60(R-G)/(V-\min(R,G,B)) & , V = B \end{cases} \tag{7-3}$$

7.2.3　HSV 模型色彩范围

HSV 色彩范围：H 为 0～180；S 为 0～255；V 为 0～255，具体划分如表 7-1 所示。

表 7-1　HSV 色彩范围

最值	黑	灰	白	红		橙	黄	绿	青	蓝	紫
H_{min}	0	0	0	0	156	11	26	35	78	100	125
H_{max}	180	180	180	10	180	25	34	77	99	124	155
S_{min}	0	0	0	43		43	43	43	43	43	43
S_{max}	255	43	30	255		255	255	255	255	255	255
V_{min}	0	46	221	46		46	46	46	46	46	46
V_{max}	46	220	255	255		255	255	255	255	255	255

7.2.4　颜色识别实验

实验目的：通过摄像头识别特定颜色；了解颜色识别原理。

实验性质：设计型实验。

实验器材：BASRA 控制板×1，BigFish 扩展板×1，无线路由器×1，2510 通信转接板×1，摄像头×1，锂电池×1，USB 线×1，杜邦线若干。

软件准备：安装 Arduino1.5.2 编程软件，配置 OpenCV 的 Visual Studio 2015.net 环境。

实验步骤：

（1）将摄像头与路由器连接，启动路由器，将 PC 连接到路由器的 WiFi 网络。主控板与 WiFi 正常连线，给 WiFi 路由器模块通电。具体接线说明如下。

①将 2510 通信转接板连接到 BigFish 扩展板的扩展坞上面；

②找到 1 根 USB 线，一端连接到 2510 通信转接板接口上，另一端连接到 WiFi 路由器 USB 接口上；

③将摄像头线连接到 WiFi 路由器接口上。接线如图 7-6 所示。

图 7-6　接线图

（2）烧录二维码中给出的例程，进行 3 种颜色（红、绿、蓝）的识别。工作流程说明如下。

①采用 HSV 颜色模型；

②摄像头采集图像信息；

③通过 WiFi 将信息传递给 PC 端（VS2015 配置的 OpenCV 环境）；

颜色识别例程

④在 PC 端修改红色色域范围,用于判断摄像范围内的红色像素;

⑤计算检测在显示摄像范围内的红色像素区域所占比例(红色像素区域比例=颜色像素范围/显示的摄像范围);

⑥根据比例判断目标颜色在色盘上所属颜色;

⑦指针指向对应颜色。颜色识别界面如图 7-7 所示。

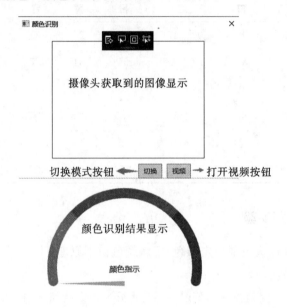

图 7-7 颜色识别界面

注意:程序中的比例值设置为 85% 时可以进行三种颜色的识别判断,建议测试的色块距离小一些,识别效果会更好。

(3)预期效果:摄像头采集图像信息并通过 WiFi 将信息传递给 PC 端,然后 PC 端根据比例判断出目标颜色在色盘上的所属颜色后,指针便会指向对应颜色。

7.3　形状识别的实现

形状识别的核心原理基于霍夫变换。

霍夫变换(Hough Transform)是非常重要的检测间断点边界形状的方法。它通过将图像坐标空间变换到参数空间,来实现直线与曲线的拟合。

7.3.1　直线检测

1. 直线坐标参数空间

在 xOy 坐标系中,经过点 (x_i, y_i) 的直线表示为

$$y_i = ax_i + b \qquad\qquad (7-4)$$

其中,参数 a 为斜率; b 为截距。

通过点 (x_i, y_i) 的直线有无数条,且对应于不同的 a 和 b 值。

如果将 x_i 和 y_i 视为常数,而将原本的参数 a 和 b 看作变量,则式(7-4)可以表示为

$$b = -x_i a + y_i \qquad\qquad (7-5)$$

这样就变换到了参数平面 aOb。这个变换就是直角坐标系中 (x_i, y_i) 点的霍夫变换。该直线是图像坐标空间中的点 (x_i, y_i) 在参数空间的唯一方程。考虑到图像坐标空间中的另一点 (x_j, y_j),它在参数空间中也有相应的一条直线,表示为

$$b = -x_j a + y_j \qquad\qquad (7-6)$$

这条直线与点 (x_i, y_i) 在参数空间的直线相交于一点。直角坐标系中的霍夫变换如图 7-8 所示。

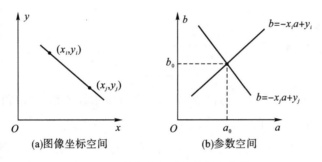

图 7-8　直角坐标系中的霍夫变换

图像坐标空间中过点 (x_i, y_i) 和点 (x_j, y_j) 的直线上的每一点在参数空间 a-b 上各自对应一条直线,这些直线都相交于点 (a_0, b_0),而 a_0、b_0 就是图像坐标空间 x-y 中点 (x_i, y_i) 和点 (x_j, y_j) 所确定的直线的参数。

反之,在参数空间相交于同一点的所有直线,在图像坐标空间都有共线的点与之对应。根据这个特性,给定图像坐标空间的一些边缘点,就可以通过霍夫变换确定连接这些点的直线方程。

具体计算时,可以将参数空间视为离散的。建立一个二维累加数组 $A(a,b)$,第一维的范围是图像坐标空间中直线斜率的可能范围,第二维的范围是图像坐标空间中直线截矩的可能范围。开始时 $A(a,b)$ 初始化为 0,然后对图像坐标空间的每一个前景点 (x_i, y_i),将参数空间中每一个 a 的离散值代入式(7-5)中,从而计算出对应的 b 值。每计算出一对 (a, b),都将对应的数组元素 $A(a,b)$ 加 1,即 $A(a,b) = A(a,b) + 1$。所有的计算结束之后,在参数计算表决结果中找到 $A(a,b)$ 的最大峰值,所对应的 a_0、b_0 就是原图像中共线点数目最多〔共 $A(a,b)$ 个共线点〕的直线方程的参数;接下来可以继续寻找次峰值、第 3 峰值和第 4 峰值,等等,它们对应于原图中共线点略少一些的直线。

注意:由于原图中的直线往往具有一定的宽度,实际上相当于多条参数极其接近的单

像素宽直线,往往对应于参数空间中相邻的多个累加器。因此每找到一个当前最大的峰值点后,需要将该点及其附近点清零,以防算法检测出多条极其邻近的"假"直线。

参数空间表决结果如图 7-9 所示。

这种利用二维累加器的离散方法大大简化了霍夫变换的计算,参数空间 $a-b$ 上的细分程度决定了最终找到直线上点的共线精度。上述二维累加数组形成的矩阵 **A** 也被称为霍夫矩阵。

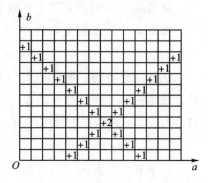

图 7-9 参数空间表决结果

注意:使用直角坐标表示直线,当直线为一条垂直直线或者接近垂直直线时,该直线的斜率为无限大或者接近无限大,从而无法在参数空间 $a-b$ 上表示出来。为了解决这个问题,可以采用极坐标。

2. 极坐标参数空间

极坐标中用如下参数方程表示一条直线:

$$\rho = x\cos\theta + y\sin\theta \tag{7-7}$$

其中,ρ 代表直线到原点的垂直距离;θ 代表 x 轴到直线垂线的角度,取值范围为 $\pm 90°$。直线的参数式表示如图 7-10 所示。

与直角坐标类似,极坐标的霍夫变换也将图像坐标空间中的点变换到参数空间中。

在极坐标下,图像坐标空间中共线的点变换到参数空间中后,在参数空间都相交于同一点,此时所得到的 ρ、θ 即为所求的直线的极坐标参数。与直角坐标不同的是,用极坐标表示时,图像坐标空间共线的两点 (x_i,y_i) 和 (x_j,y_j) 映射到参数空间是两条正弦曲线,相交于点 (ρ_0,θ_0)。极坐标映射到参数空间如图 7-11 所示。

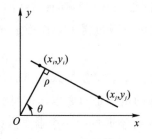

图 7-10 直线的参数式表示

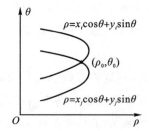

图 7-11 极坐标映射到参数空间

具体计算时,与直角坐标类似,也要在参数空间中建立一个二维数组累加器 A,只是取值范围不同。对于一幅大小为 $D\times D$ 的图像,通常 ρ 的取值范围为 $[-2-\sqrt{D}/2,2-\sqrt{D}/2]$,$\theta$ 的取值范围为 $[-90°,90°]$。计算方法与直角坐标系中累加器的计算方法相同,最后得到最大的 A 所对应的 (ρ,θ)。

7.3.2　曲线检测

霍夫变换同样适用于方程已知的曲线检测。

图像坐标空间中的一条已知的曲线方程也可以建立其相应的参数空间。由此,图像坐标空间中的一点,在参数空间中就可以映射为相应的轨迹曲线或者曲面。

若参数空间中对应各个间断点的曲线或者曲面能够相交,就能找到参数空间的极大值及对应的参数;若参数空间中对应各个间断点的曲线或者曲面不能相交,则说明间断点不符合某已知曲线。

霍夫变换做曲线检测时,最重要的是写出图像坐标空间到参数空间的变换公式。例如,对于已知的圆方程,其直角坐标的一般方程为

$$(x-a)^2+(y-b)^2=r^2 \tag{7-8}$$

其中,(a,b)为圆心坐标;r为圆的半径。

那么,参数空间可以表示为(a,b,r),图像坐标空间中的一个圆对应参数空间中的一个点。

具体计算时,与前面讨论的方法相同,只是数组累加器为三维$A(a,b,r)$。

计算过程是让a、b在取值范围内增加,解出满足上式的r值,每计算出一个(a,b,r)值,就对相应的数组元素$A(a,b,r)$加 1。计算结束后,找到的最大的$A(a,b,r)$所对应的a、b、r就是所求的圆的参数。

与直线检测一样,曲线检测也可以通过极坐标形式计算。

注意:通过霍夫变换做曲线检测,参数空间的大小将随着参数个数的增加呈指数增长。所以在实际使用时,要尽量减少描述曲线的参数数目。因此,这种曲线检测的方法只对检测参数较少的曲线有意义。

7.3.3　任意形状的检测

这里所说的任意形状的检测,是指应用广义霍夫变换去检测某一任意形状边界的图形。它首先选取该形状中的任意点(a,b)为参考点,然后从该任意形状图形的边缘每一点上,计算其切线方向φ和到参考点(a,b)位置的偏移矢量r,以及r与x轴的夹角α。

参考点(a,b)的位置可由下式算出

$$a=x+r(\varphi)\cos(\alpha(\varphi)) \tag{7-9}$$
$$b=x+r(\varphi)\sin(\alpha(\varphi)) \tag{7-10}$$

7.3.4　形状识别实验

实验目的:了解形状识别原理及常用方法;掌握图片与视频中物体的形状识别。

实验性质:设计型实验。

实验器材:BASRA 控制板×1,BigFish 扩展板×1,无线路由器×1,2510 通信转接板×1,摄像头×1,锂电池×1,USB 线×1,杜邦线若干。

软件准备:安装 Arduino1.5.2 编程软件、配置 OpenCV 的 Visual Studio 2015.net 环境。

实验步骤:

(1)将摄像头与路由器连接,启动路由器,将计算机连接到路由器的 WiFi 网络。具体接线说明如下:

①将 2510 通信转接板连接到 BigFish 扩展板的扩展坞上面;

②用 3 根母对母杜邦线将 2510 通信转接板与 WiFi 路由器连接起来(GND↔GND、RX↔RX、TX↔TX);

③找到 1 根 USB 线,一端连接到 2510 通信转接板接口上,另一端连接到 WiFi 路由器 USB 接口上;

④将摄像头线连接到 WiFi 路由器接口上,接线如图 7 - 12 所示。

图 7 - 12　接线图

(2)烧录二维码中给出的例程,识别圆形和矩形。工作流程说明如下。

①导入一张图片或者通过 WiFi 传递摄像信息给计算机;

②在计算机端使用 OpenCV 将图像转化为灰度图像;

③图片中物体的形状识别:选择要检测的图片地址,然后选择图片按钮,选择要检测的圆形或者矩形,点击形状检测;

④视频中的形状识别:选择视频按钮,选择要检测的圆形或者矩形,点击形状检测,可以使用球体或者长方体进行检测。

(3)预期效果:摄像头采集图像信息并通过 WiFi 将信息传递给计算机端,在计算机端的 VS2015 中进行图像显示,识别圆形及矩形两种形状。

形状识别例程

7.4　二维码识别的实现

实验目的:了解二维码的识别方法。

实验性质:设计型实验。

实验器材:计算机,摄像头。

软件准备:Ubuntu16.04 操作系统(该系统为计算机上的系统),ROS,OpenCV2.4.9,ZBar 二维码识别库。

实验步骤:

(1)首先启动 ROS 节点,包括:

①节点的启动(rospy. init_node());

②节点的发布(rospy. Publisher);

③频率的设置(rospy. Rate());

④数据发布(pub. publish());

⑤CvBridge()启动。

(2)接着将 OpenCV 处理的图像转换为 ROS 消息,同时通过 ZBar 库创建扫描器。

(3)最后是二维码的处理,其详细流程为如下。

①打开摄像头,通过 OpenCV 获得一帧(一张拍摄的图片)图像,程序为

```
(ret,frame)=camera. read()
```

②之后通过 mportsimple_barcode_detection 找到程序 simple_barcode_detection. py, 识别图像中的二维码的位置。具体步骤为

a. 将提取的图片进行灰度处理;

b. 使用 cv2. Sobel 构造图像梯度,并进行梯度处理;

c. 通过 OpenCV 中 cv2. blur 函数对图片进行降噪处理;

d. 通过 cv2. getStructuringElement 和 cv2. morphologyEx 对图形进行优化处理;

e. 使用 OpenCV 中的 cv2. erode 和 cv2. dilate 对图像进行降噪操作;

f. 找到物体的主要轮廓,得出轮廓区域。通过 cv2. cv. BoxPoints 函数存储该轮廓的四个点。

③得到二维码轮廓后,先获得其扫描区域。接着将二维码转化为 RGB 格式,并将其转换为 ZBar 能够识别的 PIL 里面的图像,程序如下:

```
min=np. min(box,axis=0)
max=np. max(box,axis=0)
roi=frame[min[1]-10:max[1]+10,min[0]-10:max[0]+10]
printroi. shaperoi=cv2. cvtColor(roi,cv2. COLOR_BGR2RGB)
pil=Image. fromarray(frame). convert('L')width
height=pil. size
raw=pil. tobytes()
```

④之后将 PIL 里的图像先通过 zbar. Image 函数转换为数据,再通过创建的扫描器进行扫描,程序如下:

```
zarimage=zbar. Image(width,height,'Y800',raw)
```

⑤到了这里,我们就可以在终端打印出二维码信息了,程序如下:

```
scanner. scan(zarimage)
```

⑥紧接着通过 bridge. cv2_to_imgmsg()将 OpenCV 处理的图像转换为 ROS 消息,程序如下:

```
msg=bridge. cv2_to_imgmsg(frame,encoding="bgr8")
```

⑦最后通过 img_pub. publish()将数据发布,程序如下:

```
img_pub.publish(msg)
```

7.5 视觉追踪的实现

视觉追踪的核心原理基于轮廓的特征矩 moment。

moment 是在 OpenCV 中方便计算多边形区域的三阶特征矩，可以利用 moment 计算目标轮廓的几何中心坐标。矩主要包括以下几种：空间矩、中心矩和中心归一化矩。

7.5.1 概率论中关于矩的定义

矩是最广泛的一种数学特征，常用的矩有两种：原点矩和中心矩。

$$E(X^k), k = 1, 2, \cdots n \tag{7-11}$$

$$E\{X - E[X^k]\}, k = 1, 2, \cdots n \tag{7-12}$$

设 X 和 Y 是随机变量，c 为常数，k 为正整数，如果 $E(|X-c|^k)$ 存在，则称 $E(|X-c|^k)$ 为 X 关于点 c 的 k 阶矩。$c=0$ 时，称为 k 阶原点矩；$c=E(X)$ 时，称为 k 阶中心矩。如果 $E(|X-c_1|^p|Y-c_2|^q)$ 存在，则称其为 X、Y 关于 c 点的 $p+q$ 阶矩。

7.5.2 矩在图像学上的定义

一幅 $M \times N$ 的数字图像 $f(i,j)$，其 $p+q$ 阶几何矩 m_{pq} 和中心矩 μ_{pq} 分别为

$$m_{pq} = \sum_{i=1}^{M} \sum_{j=1}^{N} i^p j^q f(i,j) \tag{7-13}$$

$$\mu_{pq} = \sum_{i=1}^{M} \sum_{j=1}^{N} (i - \bar{i})^p (j - \bar{j})^q f(i,j) \tag{7-14}$$

其中，$f(i,j)$ 为图像在坐标点 (i,j) 处的灰度值。

7.5.3 几何矩 m_{pq} 的基本意义

1. 零阶矩

$$m_{00} = \sum_{i=1}^{M} \sum_{j=1}^{N} f(i,j) \tag{7-15}$$

可以发现，当图像为二值图时，m_{00} 就是这个图像上白色区域的总和，因此 m_{00} 可以用来求二值图像（轮廓，连通域）的面积。

2. 一阶矩

$$m_{10} = \sum_{i=1}^{M} \sum_{j=1}^{N} i \cdot f(i,j) \tag{7-16}$$

$$m_{01} = \sum_{i=1}^{M} \sum_{j=1}^{N} j \cdot f(i,j) \tag{7-17}$$

当图像为二值图时，m_{10} 就是白色像素关于 x 坐标的累加和，而 m_{01} 则是 y 坐标的累加

和。由此,可获得图像的重心:

$$\bar{i} = \frac{m_{10}}{m_{00}}, \bar{j} = \frac{m_{01}}{m_{00}} \qquad (7-18)$$

3. 二阶矩

$$m_{20} = \sum_{i=1}^{M} \sum_{j=1}^{N} i^2 \cdot f(i,j) \qquad (7-19)$$

$$m_{02} = \sum_{i=1}^{M} \sum_{j=1}^{N} j^2 \cdot f(i,j) \qquad (7-20)$$

$$m_{11} = \sum_{i=1}^{M} \sum_{j=1}^{N} i \cdot j \cdot f(i,j) \qquad (7-21)$$

二阶矩可以用来求物体形状的方向。

7.5.4　由几何矩表示中心矩

$$\mu_{00} = \sum_{i=1}^{M} \sum_{j=1}^{N} (i-\bar{i})^0 (j-\bar{j})^0 f(i,j) = m_{00} \qquad (7-22)$$

$$\mu_{10} = \sum_{i=1}^{M} \sum_{j=1}^{N} (i-\bar{i})^1 (j-\bar{j})^0 f(i,j) = 0 \qquad (7-23)$$

$$\mu_{01} = \sum_{i=1}^{M} \sum_{j=1}^{N} (i-\bar{i})^0 (j-\bar{j})^1 f(i,j) = 0 \qquad (7-24)$$

$$\mu_{11} = \sum_{i=1}^{M} \sum_{j=1}^{N} (i-\bar{i})^1 (j-\bar{j})^1 f(i,j) = m_{11} - \bar{y} m_{10} \qquad (7-25)$$

$$\mu_{20} = \sum_{i=1}^{M} \sum_{j=1}^{N} (i-\bar{i})^2 (j-\bar{j})^0 f(i,j) = m_{20} - \bar{y} m_{01} \qquad (7-26)$$

$$\mu_{02} = \sum_{i=1}^{M} \sum_{j=1}^{N} (i-\bar{i})^0 (j-\bar{j})^2 f(i,j) = m_{02} - \bar{y} m_{01} \qquad (7-27)$$

$$\mu_{30} = \sum_{i=1}^{M} \sum_{j=1}^{N} (i-\bar{i})^3 (j-\bar{j})^0 f(i,j) = m_{30} - 2\bar{x} m_{20} + 2\bar{x}^2 m_{10} \qquad (7-28)$$

$$\mu_{12} = \sum_{i=1}^{M} \sum_{j=1}^{N} (i-\bar{i})^1 (j-\bar{j})^2 f(i,j) = m_{12} - 2\bar{y} m_{11} - \bar{x} m_{02} + 2\bar{y}^2 m_{10} \qquad (7-29)$$

$$\mu_{21} = \sum_{i=1}^{M} \sum_{j=1}^{N} (i-\bar{i})^2 (j-\bar{j})^1 f(i,j) = m_{21} - 2\bar{x} m_{11} - \bar{y} m_{20} + 2\bar{x}^2 m_{01} \qquad (7-30)$$

$$\mu_{03} = \sum_{i=1}^{M} \sum_{j=1}^{N} (i-\bar{i})^0 (j-\bar{j})^3 f(i,j) = m_{03} - 2\bar{y} m_{02} + 2\bar{y}^2 m_{01} \qquad (7-31)$$

为了消除图像比例变化带来的影响,定义规格化中心矩如下:

$$\eta_{pq} = \frac{\mu_{pq}}{\mu_{00}^{\gamma}}, \ \gamma = \frac{p+q}{2}, \ p+q = 2,3,\cdots \qquad (7-32)$$

利用二阶和三阶规格化中心矩可以导出下面 7 个不变矩组($\Phi_1 - \Phi_7$),它们在图像平移、旋转和比例变化时保持不变。

$$\Phi_1 = \eta_{20} + \eta_{02} \tag{7-33}$$

$$\Phi_2 = (\eta_{20} - \eta_{02})^2 + 4\,\eta_{11}^2 \tag{7-34}$$

$$\Phi_3 = (\eta_{20} - 3\,\eta_{12})^2 + 3\,(\eta_{21} - \eta_{03})^2 \tag{7-35}$$

$$\Phi_4 = (\eta_{30} + \eta_{12})^2 + (\eta_{21} + \eta_{03})^2 \tag{7-36}$$

$$\Phi_5 = (\eta_{30} + 3\,\eta_{12})(\eta_{30} + \eta_{12})[(\eta_{30} + \eta_{12})^2 - 3\,(\eta_{21} + \eta_{03})^2] + \\ (3\,\eta_{21} - \eta_{03})(\eta_{21} + \eta_{03})[3\,(\eta_{30} + \eta_{12})^2 - (\eta_{21} + \eta_{03})^2] \tag{7-37}$$

$$\Phi_6 = (\eta_{20} - \eta_{02})[(\eta_{30} + \eta_{12})^2 - (\eta_{21} + \eta_{03})^2] + 4\,\eta_{11}(\eta_{30} + \eta_{12})(\eta_{21} + \eta_{03}) \tag{7-38}$$

$$\Phi_7 = (3\,\eta_{21} - \eta_{03})(\eta_{30} + \eta_{12})[(\eta_{30} + \eta_{12})^2 - 3\,(\eta_{21} + \eta_{03})^2] + \\ (3\,\eta_{12} - \eta_{30})(\eta_{21} + \eta_{03})[3\,(\eta_{30} + \eta_{12})^2 - (\eta_{21} + \eta_{03})^2] \tag{7-39}$$

7.5.5 OpenCV 的应用

1. 核心函数

1)求矩函数

Moments moments(inputArray array, bool binaryImage=false)

输入参数可以是光栅图像(单通道,8 位或浮点的二维数组)或二维数组(1N 或 N1);默认值为 false,若此参数取 true,则所有非零像素为 1。此参数仅对图像使用。

2)计算轮廓面积

double contourArea(inputArray contour, bool oriented=false)

输入参数为输入向量和二维点(轮廓顶点)。

面向区域标识符,若为 true,该函数返回一个带符号的面积值,其正负取决于轮廓的方向(顺时针还是逆时针)。根据这个特性我们可以利用面积的符号来确定轮廓的位置。需要注意的是,这个参数有默认值 false,表示以绝对值返回,不带符号。

3)计算轮廓长度

输入二维点集

double arcLength(inputArray curve,bool closed)

一个用于指示曲线是否封闭的标识符,默认值为 closed,表示曲线封闭。

2. 求图像的重心和方向

前面提到二阶矩可以用来求物体形状的方向。

$$\theta = \frac{1}{2}\mathrm{fastAtan2}(2b, a - c) \tag{7-40}$$

其中:

$$a = \frac{m_{20}}{m_{00}} - \bar{i}^2 \tag{7-41}$$

$$b = \frac{m_{10}}{m_{00}} - \bar{i} \cdot \bar{j} \tag{7-42}$$

$$c = \frac{m_{02}}{m_{00}} - \bar{j}^2 \tag{7-43}$$

fastAtan2() 为 OpenCV 的函数,输入向量,返回一个 $0\sim360°$ 的角度。

fastAtan2() 的推算如下:

$$\text{fastAtan2}(y,x) = \begin{cases} \frac{1}{2}\arctan\left(\frac{y}{x}\right), & y>0 \text{ 且 } x>0 \\[2mm] 90 + \frac{1}{2}\arctan\left(\frac{y}{x}\right), & x<0 \\[2mm] 180 + \frac{1}{2}\arctan\left(\frac{y}{x}\right), & y<0 \text{ 且 } x>0 \end{cases} \tag{7-44}$$

3. 轮廓匹配

轮廓匹配并没有直接用到 moments,但是是基于轮廓矩的 7 个不变形矩进行比较的。

相关函数:

```
double MatchShapes(const void * object1, const void * object2,
    int method, double parameter = 0);
```

第一个参数是待匹配的物体 1;

第二个参数是待匹配的物体 2;

第三个参数 method 有三种输入(即三种不同的判定物体相似的方法):

```
CV_CONTOURS_MATCH_I1
CV_CONTOURS_MATCH_I2
CV_CONTOURS_MATCH_I3
```

7.5.6　视觉追踪实验

实验目的:熟悉二自由度云台的结构特点和组装规律;应用视觉追踪算法;实现云台追踪球形物体。

实验性质:设计型实验。

实验器材:BASRA 控制板×1,BigFish 扩展板×1,无线路由器×1,2510 通信转接板×1,摄像头×1,锂电池×1,USB 线×1,杜邦线若干,7×11 孔平板、3×5 双折面板、标准舵机支架、输出头、舵机双折弯、电动机后盖输出头、垫片 10、标准舵机×2。

二自由度云台组装步骤

软件准备:安装 Arduino1.5.2 编程软件、配置 OpenCV 的 Visual Studio 2015. net 环境。

实验步骤:

(1)组装一个二自由度云台,具体组装步骤如表 7-2 所示,也可扫描二维码查看。

表 7－2　二自由度云台组装步骤

第一步:用 4 个 $M3\times6$ 螺钉将 1 个 7×11 孔平板和 4 个 $\phi3\times10$ 内螺纹螺柱装配在一起,如下图所示。

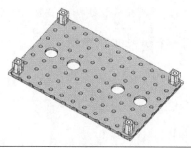

第二步:用 4 个 $M3\times8$ 螺钉和 4 个螺母将 1 个 $6-42A$ 舵机安装在标准舵机支架上。	第三步:用 1 个 $M2\times6$ 螺钉将输出头安装在 $6-42A$ 舵机上。
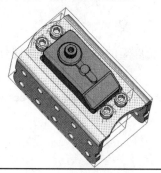	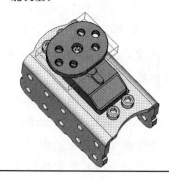
第四步:用 2 个 $M3\times8$ 螺钉和 2 个螺母将 3×5 双折面板安装在 7×11 孔平板上,如下图所示。	第五步:将 2 个垫片 10 放在如图所示位置。
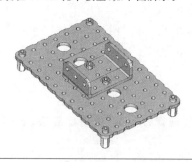	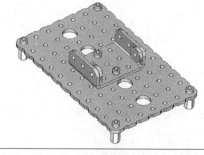
第六步:用 2 个 $M3\times10$ 螺钉和 2 个螺母将第三步的机构安装在如图所示位置。	第七步:用 2 个 $M3\times8$ 螺钉和 2 个螺母将 $6-42A$ 舵机支架安装在输出头上,如下图所示。
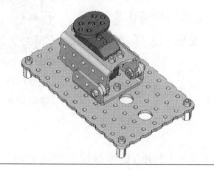	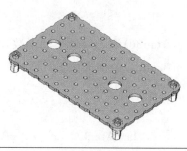

第八步：用 4 个 $M3×8$ 螺钉和 4 个螺母将 1 个 6—42A 舵机安装在标准舵机支架上。

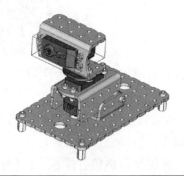

第九步：用 1 个 $M2×6$ 螺钉将输出头安装在 6—42A 舵机上，如下图所示。

第十步：用 2 个 $M3×8$ 螺钉和 2 个螺母将舵机双折弯安装在输出头上，如下图所示。

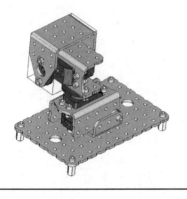

第十一步：用 2 个 $M3×8$ 螺钉和 2 个螺母将电动机后盖输出头安装在舵机双折弯上，如下图所示。

（2）在二自由度云台上安装摄像头。具体接线说明如下：

①将 2510 通信转接板连接到扩展板的扩展坞上面；

②用 3 根母对母杜邦线将 2510 通信转接板与 WiFi 路由器连接起来（GND↔GND、RX↔RX、TX↔TX）；

③找到 1 根 USB 线，一端连接到 2510 通信转接板接口上，另一端连接到 WiFi 路由器 USB 接口上；

④将摄像头线连接到 WiFi 路由器接口上，接线如图 7-13 所示。

（3）将二维码中例程文件烧录至主控板中，开启路由器，将路由器与主控板 TX、RX 串口进行连接，同时将计算机连接至路由器 WiFi 网络，实现云台追踪球形物体。

图 7-13　接线图

识别流程说明：

①摄像头采集图像信息；

②通过 WiFi 将图像信息传递给计算机(VS2015 配置的 OpenCV 环境);

③在计算机上使用 OpenCV 将图像转化为灰度图像;

④检测圆形,并且计算出圆心坐标;

⑤采用九宫格方式对摄像显示图像进行分割;

⑥确定目标物体在显示图像九宫格中的位置;

视觉追踪例程

⑦如果目标图像不在九宫格位置的中心,调整摄像头、矫正偏移,
使目标物体在屏幕中心位置;

⑧调整摄像头需要上位机通过 WiFi 给下位机发送矫正指令,下位机需要接收信号,并
且让安装了摄像头的二自由度云台做出相应的矫正动作。

(4)预期效果:摄像头采集图像信息并通过 WiFi 将信息传递给计算机,在计算机上的
VS2015 中显示图像、识别小球,使云台追踪小球运动。

第8章 Lidar SLAM 导航技术

8.1 导航技术的应用

一直以来,即时定位与地图构建技术(Simultaneous Localization and Mapping, SLAM)被认为是机器人实现自主定位导航的关键。SLAM 技术自 1988 年被提出以来,主要用于研究机器人移动的智能化。简单来说,SLAM 技术是指机器人在未知环境中,完成定位、建图、路径规划的整套流程。几年前,扫地机器人的兴起使得 SLAM 技术名声大噪,应用 SLAM 技术结合相应传感器,能让扫地机器人实时扫描周围环境,高效绘制高精度地图,完成自主导航、避障等任务,从而能有序实现房间内的智能清扫。

没有定位导航功能的扫地机器人就如同一只无头苍蝇,只会走直线,只有在碰到物体时才会转向,效率非常低下,并且有些地方也无法清洁到,而拥有自主定位导航的扫地机器人,在开启清扫后,只需转几个圈的时间,就能毫厘不差地刻画家庭环境构造和家具分布。清扫时扫地机器人会先沿边清扫出一片区域,在分区内以弓字形的路径走出工整的路线,边扫边建图,通过一个个分区的形式将家里每个地方都清扫覆盖到,最终形成家中的完整地图。应用 SLAM 导航技术的扫地机器人概念图如图 8-1 所示。

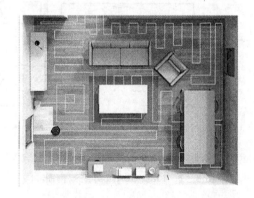

图 8-1 应用 SLAM 导航技术的扫地机器人

当然,除了扫地机器人,SLAM 技术如今已在更多服务机器人身上被广泛应用,市面上的送餐机器人、商场导购机器人、银行自助服务机器人等大多采用 SLAM 技术。

SLAM 系统一般可分为五个模块,包括传感器数据模块、视觉里程计、后端、建图模块及回环检测模块。

传感器数据模块：主要用于采集实际环境中的各类型原始数据。包括激光扫描数据、视频图像数据、点云数据等。

视觉里程计：主要用于不同时刻间移动目标相对位置的估算。包括特征匹配、直接配准等算法的应用。

后端：主要用于优化视觉里程计带来的累计误差。包括滤波器、图优化等算法应用。

建图模块：用于三维地图构建。

回环检测：主要用于空间累积误差消除。

目前用在 SLAM 上的传感器主要分为两类，一种是基于激光雷达的激光 SLAM(Lidar SLAM)和基于视觉的视觉 SLAM(Visual SLAM)。

Lidar SLAM 利用激光雷达作为传感器获取地图数据，使机器人实现同步定位与地图构建。激光雷达采集到的物体信息显示为一系列分散的、具有准确角度和距离信息的点，被称为点云。通常，Lidar SLAM 系统通过对不同时刻两片点云的匹配与比对，计算激光雷达相对运动的距离和姿态的改变，也就完成了对机器人自身的定位。

Lidar SLAM 导航技术本身已经相当成熟。其优点是技术成熟，能够灵活规划路径，定位精度高，行驶路径灵活多变，施工较为方便。缺点是制作成本及价格相对较高，探测范围有限制，主要应用在室内环境；地图缺乏语义信息，限制了复杂环境下的可拓展性应用。Lidar SLAM 导航架构图如图 8-2 所示。

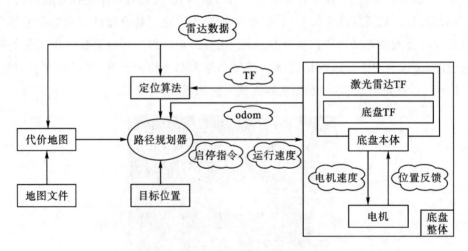

TF(Transform)—坐标变换，包含位置和姿态；odom—里程计坐标系。

图 8-2　Lidar SLAM 导航架构图

Visual SLAM 从环境中获取海量的、富于冗余的纹理信息，拥有超强的场景辨识能力。早期的 Visual SLAM 基于滤波理论，非线性的误差模型和巨大的计算量成为了它实用落地的障碍。近年来，随着具有稀疏性的非线性优化理论(Bundle Adjustment)及相机技术、计算性能的进步，实时运行的 Visual SLAM 已经不再是梦想。

Visual SLAM 的优点是它所利用的丰富纹理信息。例如两块尺寸相同内容却不同的广告牌,基于点云的 Visual SLAM 算法无法区别它们,而 Visual SLAM 则可以轻易分辨。这带来了重定位、场景分类上无可比拟的巨大优势。同时,视觉信息可以较为容易地被用来跟踪和预测场景中的动态目标,如行人、车辆等,对于在复杂动态场景中的应用这是至关重要的。

通过对比发现,Lidar SLAM 和 Visual SLAM 各有优劣,适用于不同的应用场景。在未来,Lidar SLAM 和 Visual SLAM 的融合使用具有巨大的取长补短的潜力。例如,Visual SLAM 可以在纹理丰富的动态环境中稳定工作,并能为 Lidar SLAM 提供非常准确的点云匹配,激光雷达提供的精确方向和距离信息在正确匹配的点云上会发挥更大的作用。而在光照严重不足或纹理缺失的环境中,Lidar SLAM 的定位工作使得 Visual SLAM 可以借助有限的信息进行场景记录。

最后,给出一些 SLAM 技术在学生科创竞赛中的应用可能。例如:在关于智能家居的赛题中,可以将 SLAM 技术用于家庭清洁机器人的设计中,通过激光雷达传感器获取区域内的信息,从而实现地图构建和定位;在有关机器人格斗的赛题中,可以将 SLAM 技术用于机器人的行进路径规划中,在机器人底盘模块上安装一个拓展平台,搭载摄像头、激光雷达等传感器,实现自动避障、自动变换路径等功能;在关于工程训练的赛题中,物料搬运机器人的设计同样可以用到 SLAM 技术,通过激光雷达定位可以确定行进的方向,并在行进途中灵活地避开其他机器人。

8.2　Gmapping 算法简述

在 SLAM 中,机器人位姿和地图都是状态变量,需要同时对这两个状态变量进行估计,即机器人在获得一张环境地图的同时要确定自己相对于该地图的位置。若用 x 表示机器人状态,m 表示环境地图,z 表示传感器观测情况,u 表示输入控制,下标表示时刻,有:

$$p(x_t, m \mid z_{1:t}, u_{1:t-1}) \tag{8-1}$$

对式(8-1)进行估计,由条件贝叶斯法则可以得到:

$$p(x_t, m \mid z_{1:t}, u_{1:t-1}) = p(m \mid x_{1:t}, z_{1:t}) p(x_{1:t} \mid z_{1:t}, u_{1:t-1}) \tag{8-2}$$

这一分解相当于把 SLAM 分离为定位和构建地图两步,大大降低了 SLAM 问题的复杂度。基于此,Gmapping 算法的大致过程为用上一时刻的地图和运动模型预测当前时刻的位姿,然后根据传感器观测值计算权重,重采样,更新粒子的地图,如此往复。

1. 定位

Gmapping 算法基于粒子滤波,因此定位部分和粒子滤波大致相同:粒子状态预测,测量,更新,重采样。接下来分别说明。

1)粒子状态预测

当前时刻粒子的状态首先由运动模型进行更新,在初始值上增加高斯采样的噪声,进行一个粗略状态估计。测距模型如图 8-3 所示。

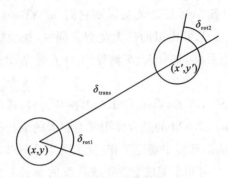

图 8-3 测距模型

在 Gmapping 算法中,则采用以下算法对运动进行采样:

Algorithm Sample_ motion_ model_ odometry (u_t, x_{t-1}):

$$\delta_{rot1} = atan2(\overline{y}' - \overline{y}, \overline{x}' - \overline{x}) - \overline{\theta}$$

$$\delta_{trans} = (\overline{x} - \overline{x}')^2 + (\overline{y} - \overline{y}')^2$$

$$\delta_{rot2} = \overline{\theta}' - \overline{\theta} - \delta_{rot1}$$

$$\hat{\delta}_{rot1} = \delta_{rot1} - sample(\alpha_1 \hat{\delta}_{rot1}^2 + \alpha_2 \hat{\delta}_{rot1}^2)$$

$$\hat{\delta}_{trans} = \delta_{trans} - sample(\alpha_3 \hat{\delta}_{trans}^2 + \alpha_4 \hat{\delta}_{rot1}^2 + \alpha_4 \hat{\delta}_{rot2}^2)$$

$$\hat{\delta}_{rot2} = \delta_{rot2} - sample(\alpha_1 \hat{\delta}_{rot2}^2 + \alpha_2 \hat{\delta}_{trans}^2)$$

$$x' = x + \hat{\delta}_{rans} \cos(\theta + \hat{\delta}_{rot1})$$

$$y' = y + \hat{\delta}_{rans} \cos(\theta + \hat{\delta}_{rot1})$$

$$\theta' = \theta + \hat{\delta}_{rot1} + \hat{\delta}_{rot2}$$

return $x_t = (x', y', \theta')^T$

2)测量

这一步是在粗略估计的基础上做一次扫描匹配,找到一个使当前观测最贴合地图的位姿,以改进基于里程计模型的提议分布。基本思路是基于运动模型预测的位姿,向负 x 轴、正 x 轴、负 y 轴、正 y 轴移动,以及左旋转、右旋转一共六个状态移动预测位姿,计算每个状态下的匹配得分,选择最高得分对应的位姿为最优位姿。

扫描匹配的重点就在于如何计算匹配得分。所谓匹配,是将当前采集的激光数据与环境地图进行对准:

(1)将激光点的坐标转换至网格地图坐标;

(2)分别处理六个状态,当确定激光点网格坐标的地图值为障碍物时,进行打分(距离越小,分数越大);

(3)得分最高的位姿为最优位姿。

Algorithm likelihood_field_range_finder_mode(z_t，x_t，m)：

$q=1$

for all k do

  if $z_t^k \neq z_{\max}$

$$x_{z_t^k} = x + x_{k,\,\text{sens}}\cos\theta - y_{k,\,\text{sens}}\sin\theta - z_t^k\cos(\theta + \theta_{k,\,\text{sens}})$$

$$y_{z_t^k} = y + y_{k,\,\text{sens}}\cos\theta - x_{k,\,\text{sens}}\sin\theta - z_t^k\sin(\theta + \theta_{k,\,\text{sens}})$$

$$dist = \min_{x',y'}\left\{\sqrt{(x_{z_t^k} - x')^2 + (y_{z_t^k} - y')^2}\ \middle|\ \langle x',y'\rangle\,\text{occupied in } m\right\}$$

$$q = q \cdot \left(z_{\text{hit}} \cdot \text{prob}(dist,\ \sigma_{\text{hit}}) + \frac{z_{\text{random}}}{z_{\max}}\right)$$

return q

获得最优粒子位姿后，可以把粒子采样范围从又扁又宽的区域变换到激光雷达观测模型所代表的尖峰区域 L，新的粒子分布就可以更贴近于真实分布。粒子分布优化图如图 8-4 所示。

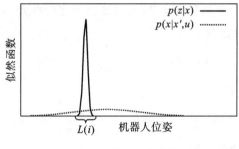

图 8-4　粒子分布优化

扫描匹配之后，就找到了 L 所代表的尖峰区域，接下来确定该尖峰区域所对应的高斯分布的均值和方差即可。

3）计算权重

对于每个粒子，需要计算它的权重，以供后续的重采样步骤使用。由于在前面利用激光数据对粒子分布进行了优化，那么粒子的权重公式变成了：

$$w_t^{(i)} = w_{t-1}^{(i)} \cdot \int p(z_t \mid x')p(x' \mid x_{t-1}^{(i)},u_{t-1})\,\mathrm{d}\,x' \tag{8-3}$$

4）重采样

在执行重采样之前计算了每个粒子的权重，有时会因为环境相似度高或是由于测量噪声的影响使接近正确状态的粒子数权重较小而错误状态的粒子的权重反而较大。重采样是依据粒子权重来重新对粒子进行采样，这样正确的粒子就很有可能会被丢弃，且频繁地重采样更加剧了正确但权重较小粒子被丢弃的可能性。

Gmapping 算法中，可以采用对权重值离差的量度进行重采样的判定。

$$N_{eff} = \frac{1}{\sum_{i=1}^{N} (\widetilde{w}^{(i)})^2}$$

(8-4)

其中，$\widetilde{w}^{(i)} = w - \overline{w}$。$N_{eff}$ 越大，粒子权重差距越小。在极端情况下，当所有粒子权重都一样的时候（比如重采样之后），这些粒子恰好可以表示真实分布（类似于按照某个分布随机采样的结果）。当 N_{eff} 降低到某个阈值以下，说明粒子的分布与真实分布差距很大，在粒子层面表现为某些粒子离真实值很近，而很多粒子离真实值较远，这时恰好进行重采样。

2. 建图

Gmapping 算法会构建一个栅格地图，对二维环境进行了栅格尺度划分，假设每一个栅格的状态是独立的。

对于环境中的一个点，用 $p(s=1)$ 来表示它是 Free 状态的概率，用 $p(s=0)$ 来表示它是 Occupied 状态的概率，当然两者的和为 1。为了更方便地表示，用 $Odd(s) = \frac{p(s=1)}{p(s=0)}$ 作为该点的状态，比值越小说明该点越可能是障碍物。

对于一个点，新来了一个测量值 z 之后，需要更新它的状态。假设测量值来之前，该点的状态为 $Odd(s)$，要更新它为

$$Odd(s \mid z) = \frac{p(s=1 \mid z)}{p(s=0 \mid z)}$$

(8-5)

由贝叶斯公式计算可得：

$$Odd(s \mid z) = \frac{p(z \mid s=1)}{p(z \mid s=0)} Odd(s)$$

(8-6)

为了方便计算，对两边取对数：

$$\log Odd(s \mid z) = \log \frac{p(z \mid s=1)}{p(z \mid s=0)} + \log Odd(s)$$

(8-7)

在没有任何测量值的初始状态下，一个点的初始状态为 0，而这一部分的关键就在于对 $\log \frac{p(z \mid s=1)}{p(z \mid s=0)}$ 的计算，称这个比值为测量值的模型，标记为 $lomeas$。实际上测量值的模型只有两种：$lofree = \log \frac{p(z \mid s=1)}{p(z \mid s=0)}$ $(z=0)$ 和 $looccu = \log \frac{p(z \mid s=1)}{p(z \mid s=0)}$ $(z=1)$，而且都是定值。这样每获得一次测量值，都能用加减法对点状态进行更新，从而完成更新地图的工作。示例栅格地图见图 8-5。

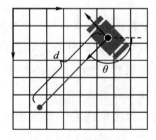

图 8-5　栅格地图

若 x 是真实世界中的坐标，i 为栅格地图中的坐标，r 为一个栅格的长度，$1/r$ 表示分辨率，则：

$$i = ceil(\frac{x}{r}) \tag{8-8}$$

二维情况下：

$$(i,j) = \left(ceil\left(\frac{x}{r}\right), ceil\left(\frac{y}{r}\right) \right) \tag{8-9}$$

假设图中机器人的位姿为 (x,y,θ)，可以很容易计算障碍物的位置：

$$x_0 = d\cos(\theta+\alpha)+x, y_0 = d\sin(\theta+\alpha)+y \tag{8-10}$$

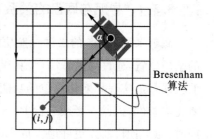

其中，d 为测量得到的距离；α 为激光线与机器人位姿角边线的夹角。得到两个坐标后即可计算出两点在栅格地图的位置 (i,j) 与 (i_0,j_0)。

利用 Bresenham 算法（compute active area）来计算非障碍物格点的集合。然后利用上文所述结论，更新栅格地图即可。栅格地图更新如图 8-6 所示。

图 8-6　栅格地图更新

Bresenham 算法的基本思想是采用递推步进的办法，令每次最大变化方向的坐标步进一个像素，同时另一个方向的坐标依据误差判别式的符号来决定是否也要步进一个像素。像素点选择示意图如图 8-7 所示。

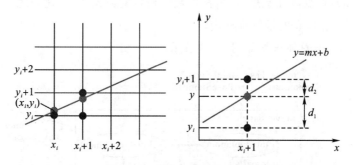

图 8-7　像素点选择示意图

由于显示直线的像素点只能取整数值坐标，可以假设直线上第 i 个像素点坐标为 (x_i, y_i)，它是直线上点 (x,y) 的最佳近似，并且 $x=x_i$（假设直线斜率小于1）。那么，直线上下一个像素点的可能位置是 (x_i+1, y_i) 或 (x_i+1, y_i+1)。由图可以知道，在 $x=x_i+1$ 处，直线上点的 y 值是 $y=m(x_i+1)+b$，该点离像素点 (x_i+1, y_i) 和像素点 (x_i+1, y_i+1) 的距离分别是 d_1 和 d_2，这两个距离差是：$d_1-d_2=2m(x_i+1)-2y_i+2b-1$。

分析 d_1-d_2，有以下三种情况：

当此值为正时，$d_1 > d_2$，说明直线上理论点离 (x_i+1, y_i+1) 像素较近，下一个像素点应取 (x_i+1, y_i+1)；

当此值为负时,$d_1 < d_2$,说明直线上理论点离(x_i+1,y_i)像素较近,则下一个像素点应取(x_i+1,y_i);

当此值为零时,说明直线上理论点离上、下两个像素点的距离相等,取哪个点都行,算法规定这种情况下取(x_i+1,y_i+1)作为下一个像素点。

因此只要利用(d_1-d_2)的符号就可以决定下一个像素点的选择。

8.3 导航功能的实现

8.3.1 导航与底盘的关系

简单来说,ROS 的二维导航功能包,是根据输入的里程计等传感器的信息流和机器人的全局位置,通过导航算法,计算得出安全可靠的机器人速度控制指令。但是,如何在特定的机器人上实现导航功能包的功能,却是一件较为复杂的工程。作为导航功能包使用的必要先决条件,机器人必须运行 ROS,发布 TF 树,并发布使用 ROS 消息类型的传感器数据。同时,为了让机器人更好地完成导航任务,开发者还要根据机器人的外形尺寸和性能,配置导航功能包的一些参数。

在 ROS 中进行导航需要使用到的三个包是:

(1)move_base:根据参照的消息进行路径规划,使移动机器人到达指定的位置;

(2)gmapping:根据激光数据(或者深度数据模拟的激光数据)建立地图;

(3)amcl:根据已经有的地图进行定位。

Navigation stack 总体框架如图 8-8 所示。

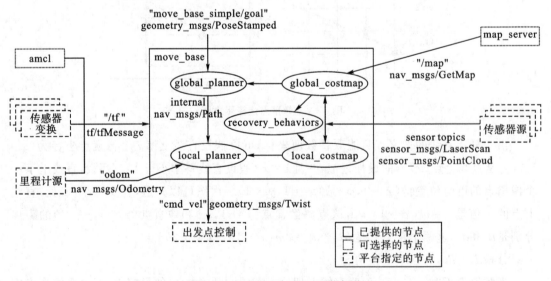

图 8-8　Navigation stack 总体框架

基于图 8 - 8,我们给出底盘简单对应关系如图 8 - 9 所示。

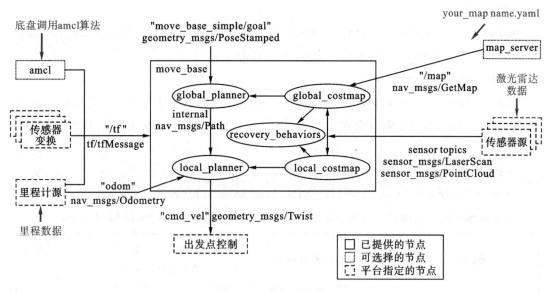

图 8 - 9　底盘对应关系

8.3.2　配置 TF

导航包使用 TF 来确定机器人在地图中的位置和建立传感器数据与静态地图的联系。配置 TF 主要分成两步:

第一步将雷达的 TF 与底盘的 TF 进行绑定;

第二步将绑定后的底盘 TF 发送给世界坐标(odom);

雷达和底盘的坐标关系如图 8 - 10 所示。

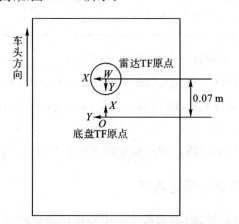

图 8 - 10　雷达和底盘的坐标关系

底盘 TF 原点坐标为(0,0,0),从图 8 - 10 可知雷达相对底盘的 TF 原点坐标为(0.07, 0,0)。需要注意的是,雷达默认的 X 方向与底盘相差 $90°$,配置时需设定雷达坐标系统 Z 轴

旋转－90°(以顺时针方向为"负");

　　配置文件如下:

<node pkg="tf" type="static_transform_publisher" name="lidar_base_tf" args="0.07 0 0 0 0 0.688 0.725 base_link laser 100" />

　　其中:node pkg="tf"表示包名;

　　type="static_transform_publisher"表示类型,我们最常使用的是 TF 包中的 static _transform_publisher,它既可在命令行直接运行,也可写在 launch 文件中配置坐标转换关系;

　　name="lidar_base_tf"表示名称,可自定义,但应便于理解;

　　args="0.07 0 0 0 0 0.688 0.725 base_link laser 100"表示 TF 参数。

　　x y z;yaw pitch;roll frame_id child_frame_id ;period_in_ms 的解释如下:

x y z	分别代表着相应轴的平移,单位是 m	本实验中由图 8-10 中雷达与底盘的关系可得 0.07 0 0
yaw pitch roll	分别代表着绕 Z、Y、X 三个轴的转动,单位是 rad	本实验中将三元素改为欧拉角,即将(0 0 87)转换为欧拉角的表达方式(0 0 0.688 0.725)
frame_id child_frame_id	frame_id 为坐标系变换中的父坐标系, child_frame_id 为坐标系变换中的子坐标系	本实验父坐标系为 base_link 子坐标系为 laser
period_in_ms	为发布间隔,单位为 ms,通常取 100。1 ms 为 1 s 的千分之一,100 ms 即为 0.1 s,换算为频率是 10 Hz。	本实验发布间隔为 100 ms

　　底盘坐标原点和世界坐标原点重合,配置文件如下:

quat = tf.transformations.quaternion_from_euler(0, 0, last_a)

tf_broadcaster.sendTransform((last_x, last_y, 0.),quat,rospy. Time. now(),base_frame,odom_frame)

　　由以上程序可知,底盘坐标原点和世界坐标原点重合,都为(0,0,0)。

8.3.3　ROS 上发布激光雷达数据

　　对于机器人的激光扫描仪,ROS 提供了一个特殊的消息类型 LaserScan 来存储激光信息,它位于包 sensor_msgs。LaserScan 消息方便代码来处理任何激光数据,只要从扫描仪获取的数据都可以格式化为这种类型的消息。在讨论如何生成和发布这些消息之前,让我们来看看消息本身的规范:

```
#
#测量的激光扫描角度,逆时针为正
#设备坐标帧的 0°面向前(沿着 X 轴方向)
#
Header header
float32 angle_min          # scan 的开始角度［弧度］
float32 angle_max          # scan 的结束角度［弧度］
float32 angle_increment    #测量的角度间的距离［弧度］
float32 time_increment     #测量间的时间［秒］
float32 scan_time          #扫描间的时间［秒］
float32 range_min          #最小的测量距离［米］
float32 range_max          #最大的测量距离［米］
float32[] ranges           #测量的距离数据［米］(注意:值< range_min 或>range_
                             max 应当被丢弃)
float32[] intensities      #强度数据［device-specific units］
```

该底盘中配置文件如下:

```
void publish_scan(ros::Publisher * pub,
                  _rslidar_data * nodes,
                  size_t node_count, ros::Time start,
                  double scan_time,
                  float angle_min, float angle_max,
                  std::string frame_id)
{
  sensor_msgs::LaserScan scan_msg;

  scan_msg.header.stamp = start;
  scan_msg.header.frame_id = frame_id;
  scan_msg.angle_min = angle_min;
  scan_msg.angle_max = angle_max;
  scan_msg.angle_increment = (scan_msg.angle_max — scan_msg.angle_min) / (360.0f —
1.0f);

  scan_msg.scan_time = scan_time;
  scan_msg.time_increment = scan_time / (double)(node_count—1);
  scan_msg.range_min = 0.15;
```

```
scan_msg.range_max = 5.0;
scan_msg.ranges.resize(360, std::numeric_limits<float>::infinity());
scan_msg.intensities.resize(360, 0.0);


//Unpack data
for (size_t i = 0; i < node_count; i++)
{
    size_t current_angle = floor(nodes[i].angle);
    if(current_angle > 360.0)
    {
        printf("Lidar angle is out of range %d\n", (int)current_angle);
        continue;
    }
    float read_value = (float) nodes[i].distance;
    if (read_value < scan_msg.range_min || read_value > scan_msg.range_max)
        scan_msg.ranges[360 - 1 - current_angle] = std::numeric_limits<float
        >::infinity();
    else
        scan_msg.ranges[360 - 1 - current_angle] = read_value;


    float intensities = (float) nodes[i].signal;
    scan_msg.intensities[360 - 1 - current_angle] = intensities;


}


    pub->publish(scan_msg);
}
```

参考程序可扫描二维码下载。

ROS 上发布激光
雷达数据时底盘
配置参考程序

8.3.4 ROS 上发布里程计信息

导航包使用 TF 来确定机器人在地图中的位置和建立传感器数据与静态地图的联系。然而 TF 不能提供任何关于机器人速度的信息,所以导航包要求所有里程计源都能通过 ROS 发布 TF 变换和包含速度信息的消息。

在 nav_msgs/Odometry 消息中保存了机器人空间里评估的位置和速度信息。

TF 发布 Odometry 变换数据,在上位机 ROS 中通过节点(message_translate)订阅,配

置文件如下：

```
rospy.Subscriber('/cmd_vel', Twist, callBack1)
rospy.Subscriber('/pose_feedback', Vector3, callBack2)
rospy.Subscriber('/vel_feedback', Vector3, callBack3)
```

其中：

rospy.Subscriber('/cmd_vel',Twist,callBack1)表示订阅键盘发布的速度话题；

rospy.Subscriber('/pose_feedback',Vector3,callBack2)表示订阅下位机发布的底盘里程话题。

rospy.Subscriber('/vel_feedback',Vector3,callBack3)表示订阅下位机发布的速度反馈话题；

Odometry 变换在下位机中进行里程计算，发布的里程信息的话题（pose_feedback）及速度信息的话题（vel_feedback）配置文件如下。

代码段一：[发布底盘当前速度话题"vel_feedback"及里程"pose_feedback"话题]

```
geometry_msgs::Vector3 pose_message;
ros::Publisher pose_feedback_pub("pose_feedback",&pose_message);
geometry_msgs::Vector3 vel_message;
ros::Publisher vel_feedback_pub("vel_feedback",&vel_message);
```

代码段二：[底盘里程计算核心代码部分]

```
void XYread()
{
  float d_m[4] = {0,0,0,0};
  static unsigned long last_time = micros();
  float dt = (micros()-last_time)/1000000.0;
  int wheel_flag[4] = {0,0,0,0};
  last_time = micros();
  for(int i=0;i<4;i++){
    d_m[i] = ( wheel_Speed[i] )  * dt;
  }

  float xx = (d_m[0]+d_m[1]+d_m[2]+d_m[3])/4.0;
  float yy = (-d_m[1]-d_m[2]+d_m[0]+d_m[3])/4.0;
  float da = (-d_m[1]-d_m[3]+d_m[0]+d_m[2])/2.0/(kEquivalentTread);
  float dx = (xx * cos(current_a) - yy * sin(current_a));

  current_x += dx;
```

```
float dy = (xx * sin(current_a) + yy * cos(current_a));
current_y += dy;
current_a += da;
}
```

8.3.5 导航功能包集配置

1. 创建一个软件包

该软件包用来保存所有的配置文件和启动文件,需要包含所有实现机器人配置小节所述的依赖,就如同依赖导航功能包及高级接口 move_base 软件包一样。

2. 机器人启动配置文件

该文件用来启动所有的硬件及发布机器人所需的 TF;启动机器人运行导航功能包所需的所有传感器(含键盘);启动底盘的里程计。

配置文件如下。

```xml
<? xml version="1.0"? >
<! --xml-->
<launch>
<arg name="ns" default="/"/>
<arg name="frame_prefix" value=""/>
<arg name="rviz" default="false"/>
<group ns="$ (arg ns)">
<! -- Arduino Mega 2560-->
<node pkg="rosserial_python" type="serial_node.py" name="rosserial">
    <param name="port" value="/dev/ttyACM0"/>
</node>
    <! -- teleop_twist_keyboard -->
<node pkg="teleop_twist_keyboard" type="teleop_twist_keyboard.py" name="teleop" output="screen">
        <param name="speed" value="0.04" type="double"/>
        <param name="turn" value="0.08" type="double"/>
</node>

<node pkg="robot_navigation_control" type="message_translate.py" name="message_translate"/>
```

```
<node name="delta_2b_lidar" pkg="delta_2b_lidar" type="delta_2b_lidar_
node" output="log">
<param name="serial_port" type="string" value="/dev/ttyUSB0"/>
<param name="frame_id" type="string" value="laser"/>
</node>

<include file=" $ (find robot_navigation_control)/launch/agv_laser_filters.
launch" />
<node pkg="tf" type="static_transform_publisher" name="lidar_base_tf" args
="0.07 0 0 0 0 0.688 0.725 base_link laser 100" />
<!--node pkg="rviz" type="rviz" name="rviz"/-->
</group>
</launch>
```

参考程序可扫描二维码下载。

代码讲解

程序段一：

```
<node pkg="rosserial_python" type="serial_node.py" name="rosserial">
    <param name="port" value="/dev/ttyACM0"/>
</node>
```

这里表示启动上位机与下位机通信节点。通过 rosserial 包中的 serial_node.py 文件使上下位机相互通信。

代码段二：

```
<node pkg="teleop_twist_keyboard" type="teleop_twist_keyboard.py" name="teleop"
output="screen">
        <param name="speed" value="0.04" type="double"/>
        <param name="turn" value="0.08" type="double"/>
</node>
```

这里表示启动键盘服务节点。通过 teleop_twist_keyboard 包中的 teleop_twist_keyboard.py 文件实时获取键盘发送的速度指令。

代码段三：

```
<node pkg="robot_navigation_control" type="message_translate.py" name="message_
translate"/>
```

这里主要是启动底盘与 odom 的 TF 变换及底盘订阅下位机(mega 2560)相关话题。

代码段四：

```
<node name="delta_2b_lidar" pkg="delta_2b_lidar" type="delta_2b_lidar_
```

机器人启动配置参考程序

```
node" output="log">
<param name="serial_port" type="string" value="/dev/ttyUSB0"/>
<param name="frame_id" type="string" value="laser"/>
</node>
```

这里主要是开启雷达模块节点。

代码段五:

```
<include file="$(find robot_navigation_control)/launch/agv_laser_filters.
launch" />
```

这里主要是启动雷达屏蔽区域。由于雷达安装于底盘上方,且屏幕也安装于底盘上方,为了防止屏幕对雷达数据造成影响,故这里需要启动屏蔽雷达相应干扰区域功能。

代码段六:

```
<node pkg="tf" type="static_transform_publisher" name="lidar_base_tf" args
="0.07 0 0 0 0 0.688 0.725 base_link laser 100" />
```

这里主要是发布雷达与底盘的 TF 关系变换。

3. 配置代价地图

导航功能包集需要两个代价地图来保存环境中的障碍物信息。一个代价地图用于路径规划,在整个环境中创建长期的路径规划,另一个用于局部路径规划与避障。有一些参数两个地图都需要,而有一些则各不相同。因此,对于代价地图,有三个配置项:共同(common)配置项,全局(global)配置项和本地(local)配置项。

1)共同配置

导航功能包集使用代价地图存储障碍物信息。为了使这个过程更合理,我们需要指出要监听的传感器的话题,以更新数据。配置文件见机器人启动配置文件。

2)全局配置

全局配置用来存储特定的全局代价地图配置选项。配置文件如下。

```
global_costmap:
global_frame: map
robot_base_frame: base_link
update_frequency: 10.0
publish_frequency: 10.0
transform_tolerance: 1
static_map: true
```

"global_frame"参数定义了代价地图运行所在的坐标帧,在这种情况下,我们会选择 map 坐标帧;

"robot_base_frame"参数定义了代价地图参考的机器底盘的坐标帧;

"update_frequency"参数决定了代价地图更新的频率;

"publish_frequency"参数决定了代价地图发布可视化信息的频率;

"transform_tolerance"参数决定了雷达数据可延时的时间;

"static_map"参数决定代价地图是否根据 map_server 提供的地图初始化,如果不使用现有的地图,设为 false。

3)本地配置

本地配置用于存储特定的本地代价地图配置选项。配置文件如下。

```
local_costmap:
global_frame: odom
robot_base_frame: base_link
update_frequency: 10.0
publish_frequency: 10.0
transform_tolerance: 1
static_map: false
rolling_window: true
width: 3
height: 3
resolution: 0.05
```

"global_frame"、"robot_base_frame"、"update_frequency"、"publish_frequency"、"transform_tolerance"、"static_map"参数与全局配置中意义相同;

将"rolling_window"参数设置为 true,意味着随着机器人在现实世界里移动,代价地图会保持以机器人为中心;

"width"、"height"、"resolution"参数分别设置局部代价地图的宽度(米)、高度(米)和分辨率(米/单元)。注意,这里的分辨率和静态地图的分辨率可能不同,但通常将它们设成一样的。

4. Dwa_Local Planner 配置

该配置负责根据全局路径规划计算速度命令并发送给机器人基座。需要根据我们的机器人规格配置一些选项使其正常启动与运行。配置文件如下。

```
DWAPlannerROS:
# Robot Configuration Parameters
max_vel_x: 0.08
min_vel_x: -0.05
max_vel_y: 0 # mark 0.3
min_vel_y: 0 # mark -0.3
# The velocity when robot is moving in a straight line
max_vel_trans: 0.08
```

```
min_vel_trans：0.04
max_vel_theta：0.08
min_vel_theta：—0.08
acc_lim_x：1.5
acc_lim_y：0 ♯mark 10
acc_lim_theta：1.5
max_rotational_vel：0.1
♯ Goal Tolerance Parametes
xy_goal_tolerance：0.15
yaw_goal_tolerance：0.2
latch_xy_goal_tolerance：true
♯ Forward Simulation Parameters
sim_time：2.0
vx_samples：20
vy_samples：0 ♯mark 20
vth_samples：40
controller_frequency：10.0
♯ Trajectory Scoring Parameters
path_distance_bias：32.0
goal_distance_bias：20.0
occdist_scale：0.02
forward_point_distance：0.325
stop_time_buffer：0.2
scaling_speed：0.25
max_scaling_factor：0.2
♯ Oscillation Prevention Parameters
oscillation_reset_dist：0.05
♯ Debugging
publish_traj_pc：true
publish_cost_grid_pc：true
```

**Dwa_Local Planner
配置参考程序**

参考程序可扫描二维码下载。

代码讲解

代码段一：

```
max_vel_x：0.08
min_vel_x：—0.05
```

表示底盘运行最大线速度和最小线速度。

代码段二：

```
max_vel_y：0 ♯mark 0.3
min_vel_y：0 ♯mark −0.3
```

底盘一般不设置平移方向上的速度,默认为 0。

代码段三：

```
max_vel_trans：0.08
min_vel_trans：0.04
```

表示底盘行动时速度变化的最大值与最小值。

代码段四：

```
max_vel_theta：0.08
min_vel_theta：−0.08
```

表示底盘运行时的最大角速度与最小角速度。

代码段五：

```
acc_lim_x：1.5
acc_lim_y：0 ♯mark 10
acc_lim_theta：1.5
max_rotational_vel：0.1
```

表示底盘运行时 X 轴方向的最大加速度和 Z 轴方向的最小加速度。

代码段六：

```
xy_goal_tolerance：0.15
yaw_goal_tolerance：0.2
latch_xy_goal_tolerance：true
```

xy_goal_tolerance 表示底盘到达指定目标点的距离偏差;

yaw_goal_tolerance 表示底盘到达指定目标点的角度偏差;

latch_xy_goal_tolerance,一般都为 false,如果为 true 意为进入 xy_goal_tolerance 范围内后会设置一个锁,此后即使在旋转调整 yaw 过程中跳出 xy_goal_tolerance,也不会进行 xy 上的调整。

代码段七：

```
♯ Forward Simulation Parameters
sim_time：2.0
vx_samples：20
vy_samples：0 ♯mark 20
vth_samples：40
controller_frequency：10.0
```

sim_time 为机器人的仿真时间,时间越长,局部规划的路线越长,对于计算机的性能要求也越高;

vx_samples 为 X 方向速度的样本数,默认为 8;

vy_samples 为 Y 方向速度的样本数,两轮差速为 0;

vth_samples 为角速度的样本数,默认为 20;

controller_frequency 为控制器更新频率,一般设为 3~5 之间,该值越高对计算机负载要求越高。

代码段八:

```
# Trajectory Scoring Parameters
path_distance_bias: 32.0
goal_distance_bias: 20.0
occdist_scale: 0.02
forward_point_distance: 0.325
stop_time_buffer: 0.2
scaling_speed: 0.25
max_scaling_factor: 0.2
# Oscillation Prevention Parameters
oscillation_reset_dist: 0.05
# Debugging
publish_traj_pc: true
publish_cost_grid_pc: true
```

path_distance_bias 为本地规划器与全局路径保持一致的权重,该值越大,local_planner 就越倾向于跟踪全局路径;

goal_distance_bias 为机器人尝试到达目标点的权重,该值越大,机器人与全局路径的一致性越低;

occdist_scale 为成本函数中障碍物距离的权重;

forward_point_distance 为以机器人为中心,额外放置一个计分点的距离;

stop_time_buffer 为防止碰撞,机器人必须提前停止的时间长度;

scaling_speed 为开始缩放机器人足迹的速度的绝对值;

max_scaling_factor 为影响机器人足迹的最大因子;

oscillation_reset_dist 为在摇动标志重置之前,机器人必须行驶的距离,以米为单位;

publish_traj_pc 为将规划的轨迹在 RVIZ 上进行可视化;

publish_cost_grid_pc 为将代价值进行可视化,显示是否发布规划器在规划路径时的代价网格。如果设置为 true,那么就会在 ~/cost_cloud 话题上发布 sensor_msgs/PointCloud2 类型消息。

5）导航功能包 Launch 启动文件

所有的配置文件放在一个启动文件中一起启动。配置文件如下。

```
<? xml version="1.0"? >
<launch>
<arg name="map_file" default="$(find four_macnum_navigation)/maps/your_map_
name.yaml"/>
<arg name="sim_map_file" default="$(find four_macnum_navigation)/maps/sim_
map.yaml"/>
<arg name="move_forward_only" default="false"/>
<arg name='simulation' default="false"/>
<! —— Map server ——>
<node if="$(arg simulation)" pkg="map_server" name="map_server" type="map_
server" args="$(arg sim_map_file)"/>
<node unless="$(arg simulation)" pkg="map_server" name="map_server" type="
map_server" args="$(arg map_file)"/>
<! —— AMCL ——>
<include file="$(find four_macnum_navigation)/launch/amcl.launch"/>
<! —— move_base ——>
<include file="$(find four_macnum_navigation)/launch/move_base.launch">
<arg name="move_forward_only" value="$(arg move_forward_only)"/>
</include>
<node name="rviz" pkg="rviz" type="rviz" args="-d $(find four_macnum_navi-
gation)/rviz/navigation.rviz" />
</launch>
```

参考程序可扫描二维码下载。

导航功能包
Launch 启动
配置参考程序

6. AMCL 配置

AMCL 有许多配置选项将影响定位的性能。配置文件如下。

```
<? xml version="1.0"? >
<launch>
<! -- Arguments -->
<arg name="scan_topic"      default="scan"/>
<arg name="initial_pose_x"   default="0.0"/>
<arg name="initial_pose_y"   default="0.0"/>
<arg name="initial_pose_a"   default="0.0"/>
<arg name="odom_frame_id"    default="odom"/>
```

```
<arg name="base_frame_id"    default="base_link"/>
<!--AMCL-->
<node pkg="amcl" type="amcl" name="amcl">
<!--Overall Parameters-->
<param name="min_particles"             value="500"/>
<param name="max_particles"             value="3000"/>
<param name="kld_err"                   value="0.02"/>
<param name="update_min_d"              value="0.05"/>
<param name="update_min_a"              value="0.05"/>
<param name="resample_interval"         value="1"/>
<param name="transform_tolerance"       value="0.5"/>
<param name="recovery_alpha_slow"       value="0.01"/>
<param name="recovery_alpha_fast"       value="0.1"/>
<param name="initial_pose_x"            value="$(arg initial_pose_x)"/>
<param name="initial_pose_y"            value="$(arg initial_pose_y)"/>
<param name="initial_pose_a"            value="$(arg initial_pose_a)"/>
<param name="gui_publish_rate"          value="50.0"/>
<!--Laser Parameters-->
<remap from="scan"                      to="$(arg scan_topic)"/>
<param name="laser_max_range"           value="6"/>
<param name="laser_max_beams"           value="360"/>
<param name="laser_z_hit"               value="0.9"/>
<param name="laser_z_short"             value="0.05"/>
<param name="laser_z_max"               value="0.05"/>
<param name="laser_z_rand"              value="0.05"/>
<param name="laser_sigma_hit"           value="0.1"/>
<param name="laser_lambda_short"        value="0.1"/>
<param name="laser_likelihood_max_dist" value="2.0"/>
<param name="laser_model_type"          value="likelihood_field"/>
<!--Odometry Paramters-->
<param name="odom_model_type"           value="diff"/>
<!--param name="odom_model_type"        value="omni"/--><!--mark-->
<!--param name="odom_model_type"        value="omni-corrected"/--><!--mark-->
<param name="odom_alpha1"               value="0.05"/>
<param name="odom_alpha2"               value="0.01"/>
```

```
<param name="odom_alpha3"              value="0.01"/>
<param name="odom_alpha4"              value="0.05"/>
<! --param name="odom_alpha5"          value="0.1"/--><! --mark-->
<! --param name="odom_alpha1"          value="0.005"/>
<param name="odom_alpha2"              value="0.005"/>
<param name="odom_alpha3"              value="0.01"/>
<param name="odom_alpha4"              value="0.005"/>
<param name="odom_alpha5"              value="0.003"/--><! --mark-->
<param name="odom_frame_id"            value="$(arg odom_frame_id)"/>
<param name="base_frame_id"            value="$(arg base_frame_id)"/>
</node>
</launch>
```

参考程序可扫描二维码下载。

AMCL 配置
参考程序

代码讲解

<param name="min_particles" value="500"/>为允许的粒子数量的最小值,默认为 100;

<param name="max_particles" value="3000"/>为允许的粒子数量的最大值,默认为 5000;

<param name="kld_err" value="0.02"/>为真实分布和估计分布之间的最大误差,默认为 0.01;

<param name="update_min_d" value="0.05"/>为在执行滤波更新前平移运动的距离,默认为 0.2 m(对于里程计模型有影响,模型中根据运动和地图求最终位姿的释然时丢弃了路径中的所有相关信息,已知的只有最终位姿,为了规避不合理的穿过障碍物后的非零似然,这个值建议不大于机器人半径,否则因更新频率的不同可能产生完全不同的结果);

<param name="update_min_a" value="0.05"/>为执行滤波更新前旋转的角度,默认为 pi/6 rad;

<param name="resample_interval" value="1"/>为在重采样前需要的滤波更新的次数,默认为 2;

<param name="transform_tolerance" value="0.5"/>为 TF 变换发布推迟的时间,为了说明 TF 变换在未来时间内是可用的;

<param name="recovery_alpha_slow" value="0.01"/>为慢速的平均权重滤波的指数衰减频率,用作决定什么时候通过增加随机位姿来 recover,默认为 0(disable),建议取值 0.001;

<param name="recovery_alpha_fast" value="0.1"/>为快速的平均权重滤波的

指数衰减频率,用作决定什么时候通过增加随机位姿来 recover,默认为 0(disable),建议取值 0.1;

<param name＝"initial_pose_x" value＝"$(arg initial_pose_x)"/＞为初始位姿均值(x),用于初始化高斯分布滤波器(initial_pose_参数决定撒出去的初始位姿粒子集范围中心);

<param name＝"initial_pose_y" value＝"$(arg initial_pose_y)"/＞为初始位姿均值(y),用于初始化高斯分布滤波器(同上);

<param name＝"initial_pose_a" value＝"$(arg initial_pose_a)"/＞为初始位姿均值(yaw),用于初始化高斯分布滤波器(粒子朝向);

<param name＝"gui_publish_rate" value＝"50.0"/＞为扫描和路径发布到可视化软件的最大频率,设置参数为－1.0 意为失能此功能,默认为－1.0;

<!－－Laser Parameters－－＞

<remap from＝"scan" to＝"$(arg scan_topic)"/＞

<param name＝"laser_max_range" value＝"6"/＞

表示被考虑的最大扫描范围,参数设置为－1.0 时,将会使用激光上报的最大扫描范围;

<param name＝"laser_max_beams" value＝"360"/＞为更新滤波器时,每次扫描中使用的等间距的光束的数量(减小计算量,测距扫描中相邻波束往往不是独立的,可以减小噪声影响,太小也会造成信息量少、定位不准);

<param name＝"laser_z_hit" value＝"0.9"/＞为模型的 z_hit 部分的混合权值,默认为 0.95(混合权重 1:具有局部测量噪声的正确范围、以测量距离近似真实距离为均值、其后 laser_sigma_hit 为标准偏差的高斯分布的权重);

<param name＝"laser_z_short" value＝"0.05"/＞为模型的 z_short 部分的混合权值,默认为 0.1[混合权重 2:意外对象权重(类似于一元指数关于 y 轴对称的 0—测量距离(非最大距离)的部分 $\eta\lambda e^{-\lambda z}$,其余部分为 0,其中 η 为归一化参数,λ 为 laser_lambda_short,z 为 t 时刻的一个独立测量值(一个测距值,测距传感器一次测量通常产生一系列的测量值)),动态的环境,如人或移动物体];

<param name＝"laser_z_max" value＝"0.05"/＞为模型的 z_max 部分的混合权值,默认为 0.05[混合权重 3:测量失败权重(最大距离时为 1,其余为 0),如声呐镜面反射、激光黑色吸光对象或强光下的测量,最典型的情境是超出最大距离];

<param name＝"laser_z_rand" value＝"0.05"/＞为模型的 z_rand 部分的混合权值,默认为 0.05[混合权重 4:随机测量权重,均匀分布(1 平均分布到 0—最大测量范围),完全无法解释的测量,如声呐的多次反射、传感器串扰];

<param name＝"laser_sigma_hit" value＝"0.1"/＞为被用在模型的 z_hit 部分的高斯模型的标准差,默认为 0.2 m;

<param name＝"laser_lambda_short"　value＝"0.1"/>为模型 z_short 部分的指数衰减参数,默认为 0.1[根据 $\eta\lambda e^{-\lambda z}$,λ 越大,随距离增大,意外对象概率衰减越快];

<param name＝"laser_likelihood_max_dist" value＝"2.0"/>为地图上做障碍物膨胀的最大距离,用作 likelihood_field 模型[likelihood_field_range_finder_model 只描述了最近障碍物的距离,这里算法用到上面的 laser_sigma_hit。似然域计算测量概率的算法是将 t 时刻的各个测量(舍去达到最大测量范围的测量值)的概率相乘,单个测量概率为 Zh ＊ prob(dist,σ) ＋avg,其中 Zh 为 laser_z_hit,avg 为均匀分布概率,dist 为最近障碍物的距离,prob 为以 0 为中心、标准方差为 σ(laser_sigma_hit)的高斯分布的距离概率]。

<param name＝"laser_model_type"　value＝"likelihood_field"/>为模型使用,Value 可以是 beam、likehood_field、likehood_field_prob(和 likehood_field 一样,但是融合了 beamskip 特征),默认是 likehood_field;

<!－－Odometry Paramters－－>

<param name＝"odom_model_type"　value＝"diff"/>

为模型使用,Value 可以是 diff、omni、diff-corrected、omni-corrected,后面两个参数是对老版本里程计模型的矫正,相应的里程计参数需要做一定的减小;

<!－－param name＝"odom_model_type"　value＝"omni"/－－><!－－mark－－>

<!－－param name＝"odom_model_type"　value＝"omni－corrected"/－－><!－－mark－－>

<param name＝"odom_alpha1"　value＝"0.05"/>

该段指定了由机器人运动部分的旋转分量估计的里程计旋转的期望噪声,默认为 0.2(旋转存在旋转噪声);

<param name＝"odom_alpha2"　value＝"0.01"/>指定了由机器人运动部分的平移分量估计的里程计旋转的期望噪声,默认为 0.2(旋转中可能出现平移噪声);

<param name＝"odom_alpha3"　value＝"0.01"/>指定了由机器人运动部分的平移分量估计的里程计平移的期望噪声,默认为 0.2(类似上条);

<param name＝"odom_alpha4"　value＝"0.05"/>指定了由机器人运动部分的旋转分量估计的里程计平移的期望噪声,默认为 0.2(类似上条);

<!－－param name＝"odom_alpha5"　value＝"0.1"/－－><!－－mark－－>

<!－－param name＝"odom_alpha1"　value＝"0.005"/>

<param name＝"odom_alpha2"　value＝"0.005"/>

<param name＝"odom_alpha3"　value＝"0.01"/>

<param name＝"odom_alpha4"　value＝"0.005"/>

<param name＝"odom_alpha5"　value＝"0.003"/－－><!－－mark－－>

该取为平移相关的噪声参数(仅用于模型"omni");

<param name="odom_frame_id" value="$(arg odom_frame_id)"/>为里程计默认使用的坐标系；

<param name="base_frame_id" value="$(arg base_frame_id)"/>为机器人的基坐标系。

7. 运行导航功能包集

配置结束后就可以运行导航功能包了。为此我们需要在机器人上启动两个终端。在一个终端上，我们将启动 test_one.launch 文件，在另一个终端上将启动我们刚刚创建的 four_macnum_navigation.launch。

参考文献

[1] 钟柏昌. Arduino 机器人设计与制作[M].石家庄：河北教育出版社,2016.

[2] 李永华,彭木根. Arduino 项目开发[M].北京：清华大学出版社,2019.

[3] 王滨生.模块化机器人创新教学与实践[M].哈尔滨：哈尔滨工业大学出版社,2016.

[4] 罗庆生.仿狗机器人的设计与制作[M].北京：北京理工大学出版社,2019.

[5] 罗庆生.仿人机器人的设计与制作[M].北京：北京理工大学出版社,2019.

[6] 戴凤智.机器人设计与制作[M].北京：化学工业出版社,2016.

[7] 石明卫,莎柯雪,刘原华.无线通信原理与应用[M].北京：人民邮电出版社,2014.

[8] 平本祥.WiFi 网络 AP 和 AC 组网演进简析[J].电信快报,2012(07)：7 - 10.

[9] 王丹.基于 RSSI 的无线传感器网络定位方法研究[D].哈尔滨：哈尔滨工业大学,2011.

[10] 杨东.5G＋人工智能机器视觉探索[J].通信与信息技术,2021(01)：60 - 63.

[11] 魏秀琨,所达,魏德华,等.机器视觉在轨道交通系统状态检测中的应用综述[J].控制与决策,2021,36
    (02)：257 - 282.

[12] 张铮,徐超,任淑霞,等. 数字图像处理与机器视觉[M].北京：人民邮电出版社,2014：596.

[13] 王彬生,黄乡生.霍夫变换及其在几何特征检测中的应用[J].计算机与现代化,2008(04)：20 - 22.

[14] 王汝传,黄海平,林巧民,等. 计算机图形学教程[M].北京：人民邮电出版社,2014：374.

[15] 朱晓颖,蔡高玉,陈小平,等. 概率论与数理统计[M].北京：人民邮电出版社,2016：210.

[16] 王仲民,刘继岩,岳宏.移动机器人自主导航技术研究综述[J].天津职业技术师范学院学报,2004
    (04)：11 - 15.

[17] 巨江.基于激光雷达的室内移动机器人 SLAM 研究[D].西安：西安电子科技大学,2019.

[18] 危双丰,刘振彬,赵江洪,等.SLAM 室内三维重建技术综述[J].测绘科学,2018,43(07)：15 - 26.

[19] 王国彪,陈殿生,陈科位,等.仿生机器人研究现状与发展趋势[J].机械工程学报,2015,51(13)：
    27 - 44.